儿童体质健康促进社会生态学模式构建与实证

李旭龙　著

吉林出版集团股份有限公司 ｜ 全国百佳图书出版单位

图书在版编目（CIP）数据

儿童体质健康促进社会生态学模式构建与实证 / 李
旭龙著 . -- 长春 : 吉林出版集团股份有限公司 , 2022.1
　ISBN 978-7-5731-1345-0

Ⅰ . ①儿… Ⅱ . ①李… Ⅲ . ①儿童—身体素质—影响
—人类生态学—研究 Ⅳ . ① Q988

中国版本图书馆 CIP 数据核字 (2022) 第 034160 号

儿童体质健康促进社会生态学模式构建与实证

ERTONG TIZHI JIANKANG CUJIN SHEHUI SHENGTAIXUE MOSHI GOUJIAN YU SHIZHENG

著　　者：李旭龙
出 版 人：吴　强
责任编辑：孙　璐
装帧设计：南通朝夕文化传播有限公司
开　　本：787mm×1092mm　1/16
字　　数：200 千字
印　　张：12.25
版　　次：2022 年 6 月第 1 版
印　　次：2022 年 6 月第 1 次印刷

出　　版：吉林出版集团股份有限公司
发　　行：吉林音像出版社有限责任公司
地　　址：长春市福祉大路 5788 号龙腾国际大厦 A 座 13 层
电　　话：0431-81629679
印　　刷：三河市嵩川印刷有限公司

ISBN 978-7-5731-1345-0　　定　价：52.00 元

前　言

近年来，随着《健康中国行动（2019—2030年）》《关于全面加强和改进新时代学校体育工作的意见》等一系列政策文件的出台，促进儿童青少年体质健康发展已上升为国家战略。

体质作为一个多维结构，是在先天遗传和后天环境的共同作用下，反映在人体形态结构、身体机能和心理素质上的相对稳定状态，主要包括形态结构、生理功能、体能、心理发育、社会适应五个方面。其中，体能包含了速度、耐力、力量、柔韧、灵敏、平衡等基本身体素质与运动能力，构成了体质最直接的客观体现。社会适应则反映了个体在与社会环境的交互作用中，不断学习或修正各种行为和生活方式的能力，既是衡量个体社会化发展的重要指标，又是体质健康的综合表现。可以说，体能与社会适应的综合发展水平能够较全面地反映个体的体质状况。

然而，近年来随着体力活动不足问题的全球化，我国儿童青少年体质健康状况越来越不乐观，不仅近视、肥胖率居高不下，力量、耐力等体能指标也持续下降。同时，在情绪调节、体育活动、网络使用、社会支持等众多因素的影响下，儿童青少年在压力调节、自我认同、人际关系、行为控制、挫折应对等方面都暴露出许多不足，直接影响了他们当前及未来的健康发展。

因此，如何从体质的多维结构入手，构建系统性的体质健康促进模式，充分发挥体育运动的身体锻炼与品格塑造价值，从体能和社会适应共同促进的角度全面提高学生体质水平，是学校体育工作者需要重点解决的课题。

目前，体质健康促进研究主要集中在理论构建和运动干预两大领域。在理论构建方面，随着现代生活方式的改变，体育锻炼不足已成为限制儿童青少年体质健康发展的首要因素，因此，在锻炼行为促进的研究领域，学者们应用健康信念模型、社会认知理论、计划行为理论、自我决定理论等理论模型进行了大量个体层面的行为改变模式构建。然而，由于个体的运动干预策略始终受环境及群体行为的限制，单纯从个体内部出发，进行心理、行为干预，对体能和社会适应的促进效果有限，难以维持个体长期健康行为。因此，在健康行为研究领域，社会生态学理论正逐渐受到学者们的关注。该理论将人所处的社会环境按照与个体关系的密切程度由内向外分成微系统、中间系统、外层系统和宏系统四个层次，各层系统之间相互联系、相互作用，并在时间上不断变化，共同决定了个体行为的发展方向，为系统性体质健康促进模式的构建提供了理想的理论框架。

在运动干预方面，虽然大量研究表明规律性体育锻炼能够对控制体重、发展体能、促进社会适应产生积极影响，但在运动干预实践过程中，学生的体能与社会适应提升幅度却往往存在明显的个体差异。而这种差异很可能与影响个体运动能力与情绪调节能力的单核苷酸基因多态性（SNP）有关，一方面表现为基因多态性能够直接影响体能和社会适应，另一方面表现为基因多态性与环境共同作用于体能与社会适应的发展。

可以说，来自外部的不同环境刺激为儿童青少年的体质健康发展创造了条件，而来自内部的基因多态性则可能对外部环境的作用效果产生影响，从而导致了体能和社会适应的差异性发展。而目前在儿童青少年体质健康促进研究领域，多数研究只针对遗传与环境的某一方面进行探讨，将两者结合分析的研究相对较少。

因此，通过体育运动更好地促进儿童体能与社会适应发展，并对其发展特征与规律做出科学解释，实现体质健康促进模式的可持续健康发展，不仅需要从环境设计入手，在分析体能与社会适应之间关系，以及锻炼动机、锻炼坚持、社会支持、自尊、情绪调节等与儿童青少年运动参与和体能、社会适应发展之间关系的基础上，从社会生态学理论的视角，设计多层系统相互配合、针对性强、可持续发展的系统性体质健康促进模式，进而克服单纯从个体内部出发进行心理和行为干预的局限性。还需要从体能与社会适应相关基因多态性入手，分析运动干预作用效果出现差异的可能原因，从而进一步完善儿童青少年体质健康促进的理论体系，实现体质健康促进的精准化、个性化。

基于上述背景，本书在撰写过程中，以正处于体能和社会适应发展敏感期的小学生为研究对象，以国家大力开展的校园足球运动为干预载体，以儿童体质健康全面促进为主要目标，从促进模式构建、实践效果检验、影响因素分析相结合的角度，第一步，通过路径分析研究，探寻影响儿童足球运动参与和足球运动体能及社会适应促进效益发挥的主要因素间的作用关系；第二步，通过模式构建研究，基于社会生态理论，针对影响儿童运动参与和体能与社会适应发展的关键因素，设计能够全面提升儿童体质健康水平的系统性体质健康促进模式；第三步，通过实践检验研究，对体质健康促进社会生态学模式的作用效果及作用路径进行分析；第四步，通过基因多态性研究，分析体能与社会适应相关基因多态性在体质健康促进社会生态学模式影响儿童体质健康发展中的作用。希望研究成果能够为我国儿童青少年体质健康促进工程的高质量推进提供一定的理论与实践参考。

本书的特色主要表现在：首先，综合分析运动干预对儿童体能和社会适应的影响及基因多态性的作用，相较于从单一维度出发的研究，能够更全面地揭示运动参与过程中儿童体能与社会适应发展的特征与规律，为丰富体育运动促进儿童体质发展的遗传学基础，以及儿童体质健康促进方案的科学设计提供理论依据。

其次，将社会生态理论应用于体质健康促进模式设计，相较单纯从个体内部出发进行的体质健康促进模式，教师、家长的支持度和学生的参与度更高，模式实施的可持续性更强，对儿童体质健康的促进效益也更大，为儿童体质健康促进模式的科学设计提供了更有效的实践参考。

最后，将调查与实验研究相结合，既通过横向的路径分析研究构建了各研究变量之间的结构方程模型，探讨了变量间的作用关系，为体质健康促进社会生态模式设计提供参考；又通过纵向的实践检验研究，检验体质健康促进社会生态模式的实施效果，并从因果关系的角度进一步验证运动干预影响儿童体质健康发展的作用路径，提升了研究结论的科学性。

本书的撰写过程得到了许多专家学者、一线体育教师和同学的帮助，并获得山东省社会科学规划研究项目（20DTYJ02）和青岛理工大学高层次人文社科培育项目（C-2020-209）的资助。在本书即将完成之际，谨此向所有曾经指导、支持及帮助我的老师、同事、家人和朋友们致以最诚挚的谢意！

当然，受时间和精力的限制，本书研究内容存在不可避免的局限性，在此也希望广大科研工作者们提出批评和建议，让我们一起为实现"享受乐趣、增强体质、健全人格、锤炼意志"的学校体育育人目标，全面提升儿童青少年体质健康水平，培养德智体美全面发展的社会主义建设者和接班人而共同努力！

李旭龙

2021 年 1 月 20 日

目　录

第一章 儿童青少年体质健康促进研究评述

体质健康促进是一项复杂的系统工程，需要在综合考虑众多影响因素的基础上，结合一定理论框架进行的综合设计。本章通过文献综述的形式，对体质的概念与评价、体育运动的体质健康促进价值、运动促进体质健康发展的作用机制、锻炼行为促进主要理论模型，以及基因多态性对体质健康的影响等内容进行系统梳理，为体质健康促进社会生态模型的构建及作用机制的解释提供理论基础。

第一节 体质的概念与评价

对体质概念的正确认识，是设计体质健康促进模式预期目标的前提，而如何对体质健康水平进行科学测量，则是评价体质健康促进模式实施效果的基础。

一、体质概念的嬗变 1

中西方关于体质概念的认识与发展不尽相同。在美国，传统的体质概念发展于20世纪40年代至60年代。这一阶段对体质的认识基本是从运动能力视域下出发的，强调体质的自然属性，认为体质的主要内容应包含灵敏、平衡、协调性、爆发力、速度、反应时等身体素质，被称为运动技能相关的体质。例如，Darling 和 Ludwig（1948）指出："体质是个人完成任务的功能性行为能力。"[1]

20世纪70年代，随着经济的繁荣和物质生活的丰富，美国开始受肥胖、心血管疾病等一系列"文明病"的困扰。在这一背景下，有学者对运动能力视域下的体质概念提出了质疑，认为仅仅在运动技能的基础上定义体质是非常狭隘的，还应当考虑运动技能作用于人体的结果，从身体健康的角度认识体质。于是，便发展了健康相关的体质概念。以 Caspersen 等人为代表，认为体质健康是指"一系列能够精力充沛地完成日常工作任务，而不过度疲劳，同时有精力去享受休闲并处理紧急情况的状态"。其主要内容应包含心血管耐力、肌肉耐力、肌肉力量、身体成分、柔韧性等素质[2]。

20 世纪 80 年代后，在综合了技能相关体质和健康相关体质的基础上，多数学者认为体质是一个多元的多层次结构，体质健康是一种具备较低早期健康风险且有精力完成各种身体活动的健康状态，包括生理功能、健康相关、技能相关三个层面[3]。2011 年，美国疾病控制与预防中心进一步将体质解释为"体质是指包含身体、精神（心理）、社会三个层面因素的一种完美状态，并非仅指身体免于虚弱和疾病"。这一论述从人的自然属性与社会属性两个层面对体质的内涵进行了界定，为美国在进行体质测试的同时加入生活方式的问卷调查，从而通过推广健康生活方式促进体质健康提供了理论基础。

与西方近代提出体质的概念不同，中国早在 1300 多年前就已经有了对体质的初步认识。在我国古代医学论著《黄帝内经·阴阳二十五人》中认为"体质"是个体在其生长发育过程中形成的形体结构与机能方面的特殊性，在一定程度上反映了机体阴阳气血盛衰的禀赋特点，划分为生理和病理体质，同时阐述了体质与自然、先天及后天等因素之间的相互关系。但是，这一源自系统生命观的体质认识并没有沿用下来。近代体育领域所使用的体质概念，更多的是来自西方的舶来品，是源自还原生命观的体质概念。[4]

20 世纪 80 年代，我国学者对体质的内涵提出了质疑，并最终形成了当今国内对体质普遍接受的认识，即"体质是人体的质量，它是在遗传性和获得性的基础上表现出来的人体形态结构、生理功能和心理因素等综合的、相对稳定的特征，其包含身体的发育水平、生理功能水平、体能水平、心理发育水平、社会适应水平五大方面[5]。"

在体质的五大方面中，体能构成了体质最直接的客观体现，而社会适应既是衡量个体社会化发展的重要指标，又是体质健康的综合表现。可以说，体能与社会适应的综合发展水平能够较为全面地反映个体的体质状况。

二、体能评价体系的发展

目前，国内外进行的体质健康评价更多的是关注包括身体形态、机能、素质在内的体能水平测试。

《辞海》将"体能"定义为：人体各器官系统的机能在体育活动中表现出来的能力。包括力量、速度、灵敏、耐力和柔韧等基本身体素质，以及人体的基本活动和运动能力，如走、跑、跳、投掷、攀登、爬越、悬垂和支撑等。《体育大词典》中认为：体能是体质的重要组成部分[6]。田麦久等认为，体能分为一般体能和专项体能[7]。袁运平认为，体能是人体通过先天遗传和后天获得的在形态结构、功能和调节方面及物质能量贮存和转移方面所具有的潜在能力，以及与外界环境结合所表现出来的综合运动能力[8]。

综上所述，可以看出目前普遍认为体能是在遗传因素和环境因素综合作用下表现出来的人体运动能力，可以分为与健康相关的一般性体能和与竞技运动能力相关的专项体能。

在健康相关体能的评价方面，美国是进行体能测试研究较早且发展较快的国家。在现行的总统青少年体质健康项目中，库珀研究院负责提供的 FITNESSGRAM® 作为体能测评的官方工具，主要包括氧能力（1 英里跑 / 走，20 米 PACER 跑）、体脂百分比、BMI 指数、卷腹、伏地挺身、90°俯卧撑、曲臂悬垂、斜身引体向上等一系列测试项目[9]。

日本于 1998 年制定了新的体能测定框架和指标。新指标体系重新划分了年龄组，增加了健康评价的内容并设置了各年龄组通用测定指标，更有利于纵向比较[10]。新的测试体系包括握力、仰卧起坐、立定跳远、坐位体前屈、反复横跨、20 米折返跑、50 米跑、掷球、长跑（小学生不测）等项目，系统评价了学生的力量、爆发力、柔韧性、灵敏性、速度、协调性、耐力等身体素质。经过近 20 年的实践，在提升学生体质健康水平方面取得了良好效果。

在我国的《国家学生体质健康标准（2014 年修订）》中，小学 1～2 年级的体能测试项目包括 50 米跑、坐位体前屈、1 分钟跳绳；小学 3～4 年级的体能测试项目包括 50 米跑、坐位体前屈、1 分钟跳绳、1 分钟仰卧起坐；小学 5～6 年级的体能测试项目包括 50 米跑、坐位体前屈、1 分钟跳绳、1 分钟仰卧起坐、50 米 ×8 往返跑；初中、高中、大学的体能测试项目包括 50 米跑、坐位体前屈、立定跳远、引体向上（男）、1 分钟仰卧起坐（女）、1000 米（男）、800 米（女）等[11]。

在竞技运动能力相关体能的评价方面，不同运动项目有不同的评价体系。以足球运动为例。陈翀在其博士论文中构建了我国 U17 男子足球运动员的体能评价指标体系，他认为足球运动员的体能应包括形态、机能、运动素质三大维度，其中形态包括高度、维度和充实度；技能主要指有氧能力；运动素质主要包括力量、速度、柔韧和灵敏[12]。

因此，为了更全面地评价运动干预的体能促进效果和特点，应结合运动项目的特征，在评价与健康相关的一般性体能促进效果基础上，进一步评价与专项运动能力相关的专项体能促进效果。

三、社会适应评价体系的发展

社会适应作为发展心理学、人格心理学及临床心理学等领域的重要研究主题，目前在体质健康评价领域的研究相对薄弱。

关于社会适应的概念，学界尚缺乏相对统一的科学界定。在特殊教育和临床心理学领域，社会适应通常表述为个体在处理日常事务和承担社会责任的过程中达到符合他的年龄和所处社会环境要求的程度。在发展心理学中，社会适应则更关注儿童的社会功能，是儿童发展的重要任务之一，主要研究在不同的儿童发展时期和社会环境与规范中，儿童表现出的不同适应行为。林崇德认为，社会适应是当个体所处的社会环境发生变化时，个体能够通过良好的行为方式改变以适应新的环境[13]。聂衍刚认为，社会适应是指个体接受当前社会生活方式、道德规范和行为准则的过程，这一适应过程通过个体与环境相互作用的行为活动而实现。青少年的社会适应可以分为良好适应（个体为了适应社会生活和社会规范必须学会的行为和做出的选择）和不良适应（个体依据自身发展和社会规范要求所必须回避的行为）两方面[14]。

在社会适应与体质之间的关系上，社会适应已经被认为是个体心理健康的重要指标，个体在品德、责任、价值观、人际关系等方面的社会适应水平与个体心理健康水平密切相关。良好社会适应的形成，是个体社会性发展的目标，也标志着个体社会心理的成熟[15]。因此，在形态结构、生理功能、体能、心理发育、社会适应的五维体质结构中，社会适应是体能发展和心理成熟的重要标志，成为体质水平的综合体现。

在社会适应的评价方面，国内外研究尚未达成一致。在研究中几乎都是根据研究者对社会适应的理解选取若干不同的社会适应指标进行测量。例如，Chen 和 Rubin 等人通过社会能力、攻击性、领导能力和同伴接受度等评价儿童的社会适应能力[16]。邹泓、余益兵等人在其研究中，构建了中学生社会适应状况评估的理论模型，提出了"领域—功能"理论模型，将社会适应分为自我适应、人际适应、行为适应和环境适应四个领域，每个领域又分为积极适应和消极适应两种功能状态[17]。杨彦平在其博士论文中，将中学生社会适应分为四个维度九个分量表，即内容特质维度（包括人际关系、学习适应、日常生活）、预测控制维度（包括行为规范、情绪控制）、心理调节维度（包括环境适应、心理预期）、动力支持维度（包括心理动力、心理支持）[18]。唐东辉和陈庆果在研究中构建了青少年学生的人体适应能力结构，其中社会适应维度包含对学习环境、家庭环境和人际关系的适应[19]。

第二节　体育运动的体质健康促进价值

体育运动的体质健康促进价值已经得到公认，但不同运动项目的体质健康促进效果却存在差异。近年来，国家大力发展校园足球运动，其核心原因正是以足球为代表的团队型球类运动，凭借其动作类型丰富、比赛对抗激烈、运动趣味性强、人际交流频繁、情绪体验丰富的特点，成为促进儿童青少年体质健康全面发展的有效运动实践载体。

一、足球运动的体能促进价值

从能量供应特征来看，足球运动属于有氧供能与无氧供能相结合的运动项目。有研究表明，精英足球运动员在一场比赛中的平均工作率接近最大摄氧量的70%，有氧氧化系统供能供应了超过90%的能量。同时，无氧供能也在足球比赛中具有重要作用。在激烈的短时间冲刺与对抗中，磷酸原系统起主要供能作用[20]。无氧运动能力也同青少年足球运动员的比赛表现呈正相关[21]。

从技术特征来看，足球运动需要人体在快速移动中使用日常完成操作性工作时较少用到的下肢进行一系列传球、运球、射门动作，对速度、协调和敏捷性提出了较高要求。同时，在足球运动中，当球员跳跃、变向、传球、射门时都需要出色的单侧平衡能力来完成技术动作和移动，避免出现身体失衡及动作变形[22]。足球运动能量供应的混合性及技术动作的复杂性决定了它的诸多身体锻炼价值。

在有氧能力的促进上，由于足球运动具有高强度间歇性的运动特征，使其具备了高强度间歇训练的锻炼价值。已有研究表明，高强度间歇训练能够有效提高青少年的最大摄氧量，且这一提高效果的时效性要优于持续中等强度训练[23]。综述研究也表明，不论参与者的年龄、性别和健康状况如何，足球运动与力量训练相比有着更好的最大摄氧量提高效果。此外，在有氧健身方面，足球运动比耐力跑也更有优势[24]。同时，对于专业足球运动员来说，有氧能力也成为预测其运动表现的重要指标。因此，也有研究探讨了高强度间歇训练在足球体能训练中的应用效果，发现它比一般的足球体能训练能更好地提高有氧能力[25]。

在力量的促进上，足球运动中的射门、传球、防守等技术动作都对练习者的下肢绝对力量和爆发力提出了较高要求。研究表明，持续12周的足球训练要比同样时间的跑步训练更能提高未经专业训练男性的深蹲跳能力和反向跳跃能力[26]。也有研究发现，足球训练能使股四头肌的肌纤维尺寸和肌肉活性增加；经常从事足球训练的女孩要比不经常参加运动的女孩具备更强的大腿肌肉力量和骨密度[27]。同时，力量素质对足球运动表现的重要作用也被许多研究证实。有研究探讨了青少年精英男子足球运动员下肢最大肌力与短跑表现之间的关系，结果显示，腿部肌肉力量与短跑能力密切相关，建议运动员通过力量训练来提高跑动速度[28]。

在速度和灵敏性的促进上，足球运动伴随着大量冲刺跑、变向跑、变向运球等技术动作，对练习者的速度和灵敏性能够产生良好锻炼。研究表明，随着年龄和足球训练时间的增长，运动员的方向速度变化能力不断提高。一年的足球训练能使练习者的下肢速度能力和力量水平显著提高[29]。也有综述研究发现，足球运动能够改善骨骼肌适能，主要表现在经过一段时间足球训练后，血管外侧肌肉的平均肌纤维面积显著增加，其效果与抗阻训练相似，而高强度间歇跑和耐力跑训练后并未发现这一现象。这说明足球运动和抗阻训练一样能够促进慢肌纤维（type I）向快肌纤维（type II）转化，并上调 type IIa 肌纤维的含量使肌肉的爆发力和抗疲劳能力增加[30]。由于肌肉力量和速度之间的相互关系，肌肉力量的提高也会提高冲刺跑和变向跑能力[31]。

在平衡能力的促进上，研究表明，相对于持续的跑步训练，12 周的足球训练能够产生更好的姿势控制能力促进效果。这说明对于未经训练的人群，足球运动能够有效锻炼人体的躯体感觉系统、前庭系统和视觉系统，提高人体的神经肌肉控制能力，进而提高姿势稳定性[32]。同样的结果在 Helge 等人的研究中也被发现，经过 12 周的足球训练后，受试者的姿势控制能力显著提高，从而使跌倒风险大大降低，而在分析这一变化的原因时，因神经肌肉功能改进而增加的肌肉力量不能被忽视[33]。

综上所述，足球运动以其自身特点具备了较高的锻炼价值，能够较为全面地提升练习者的体能水平。

二、足球运动的社会适应促进价值

足球运动以其锻炼内容和锻炼情境的多样性，为参与者提高社会适应能力提供了实践载体。在神经生理学机制上，足球运动以其有氧运动的重要特征，能够通过儿童青少年脑的可塑性对海马、前额叶、颞叶、前扣带皮层等参与记忆、抑制功能、情绪调节的脑区产生良好影响，从而为儿童青少年应对生活中的压力提供更好的认知功能储备[34]。有研究表明，6 周的有氧运动干预能增加海马体积。而短时的有氧运动也可以通过增加双侧顶叶皮质、左侧海马和双侧小脑的活动，改善儿童的工作记忆[35]。这为通过足球运动提高儿童青少年的学业适应水平提供了神经学基础。同时，也有研究发现，8 周中等强度足球运动能够对 5 ~ 6 岁学龄前儿童的执行功能，特别是抑制控制功能产生显著的促进作用[36]。而执行功能的改善又可以提高练习者的认知重评策略，从而为情绪调节策略的改善奠定了基础，使足球运动参与者更好地调节日常生活中的压力，处理人际与家庭关系。

在社会心理学机制上，足球运动作为一种社会文化活动，为儿童青少年人格的完善提供了多元实践环境。足球作为一项团队运动，需要在公平竞争、尊重对手的前提下，通过团队配合，克服各种主观与客观困难，努力争取胜利，其中蕴含着大量社会性发展的教育元素[37]。其社会适应的促进价值主要体现在以下几点。

第一，为学生提供了自然环境条件下的运动实践环境。绝大部分足球比赛在室外进行，除了遭遇极端恶劣天气，比赛一般不会终止。这为学生提供了各种气候下的运动体验，在克服自然环境困难的过程中，学生顽强的意志品质得到发展。

第二，为学生提供了身心全面发展的运动实践环境。足球运动充满激烈的身体对抗，这使足球运动成为促进学生身体健康成长的有效途径。同时，在比赛中，学生克服各种困难的过程为学生抗挫折能力、情绪调节能力、自尊自信、意志品质的发展创造了有效的实践载体。

第三，为学生提供了人文素质培养的运动实践环境。足球运动中蕴含着众多学生在适应未来社会生活时所必需的人文素质与社交技能。公平竞争的比赛原则有助于发展学生的规则意识，团队合作的比赛形式有助于发展学生的合作能力，以球会友的比赛目的有助于发展学生的尊重意识。

同时，也有实验研究发现，5个月的足球运动干预能够对超重儿童的心理状态产生明显的改善作用，显著提高儿童的身体印象、自尊、体育活动参与愿望和身体认知能力[38]。Faude等人也在研究中发现，休闲足球运动能够作为改善超重儿童自尊水平的有效干预措施[39]。事实上，超重最直接的影响是社会歧视、低的自尊水平及不良的学校适应功能，而足球运动则是提高超重及肥胖儿童心理认知状态的有效短期干预措施[40]。

另外，个体社会支持的获得和积极人际关系的建立同社会适应水平的提升存在积极联系[41]，而足球运动能对情绪及社会资本产生促进作用。Elbe等人研究发现，经过12~16周的不同类型运动干预，男性足球运动组与耐力跑和间歇跑组相比，表现出最高的生理改善得分和最低的焦虑得分[42]。Ottesen等人研究发现，经过16周的运动干预，参加足球运动的较不活跃女性要比参加跑步运动的女性获得更好的社会资本发展水平。这说明同个人运动相比，团队运动在发展社会资本上更有效[43]。

综上所述，足球运动能通过脑的可塑性改善练习者的认知功能，同时通过营造情境丰富的运动环境，搭建人际交往平台，练习者产生丰富的情绪体验，从而在提升自尊、缓解焦虑、改善人际关系的过程中提高社会适应水平。

第三节　运动促进体质健康发展的作用机制

探究体育运动在促进体质健康发展过程中，有哪些内外因素起到关键作用，并分析这些因素的作用机制，对于找准关键问题，设计针对性更强、时效性更好的体质健康促进模式十分重要。

一、激发锻炼动机与促进体质健康

体育锻炼动机是指推动人们进行体育锻炼的心理动因。一般来说，锻炼动机是在满足自身需求的内部诱因和响应外部压力、奖励与回报的外部诱因共同作用下产生的[44]。其中，内部动机在促进锻炼行为的坚持上更有效力，而外部动机虽然能够短期提高锻炼行为，但在维持长时间体育锻炼行为方面显得无力。关于内部动机与外部动机之间的关系，自我决定理论认为，外部动机与内部动机之间是一个统一的连续体，包括无动机、外部动机、内部动机三种形式。当人们的动机越接近内部动机，就会获得更多的满足感，运动锻炼坚持性也越好[45]。有研究者认为，在体育锻炼过程中，乐趣、能力属于内部动机，而健康、社交和外貌属于外部动机[46]。

在体能促进方面，高的锻炼动机水平能够预测高的锻炼频率、强度和持续时间，同锻炼行为的保持呈正相关。Kim 等人的研究表明，提高女大学生的锻炼动机对她们体能水平的提高有积极作用，因此建议通过动机提升来促进长期锻炼习惯的养成[47]。Sibley 等人研究了锻炼动机与体质健康水平之间的关系，结果发现，较强的能力动机和健康动机能够预测较好的体能水平，而较强的外貌动机则能够预测较差的体质水平[48]。

在社会适应促进方面，社会适应被认为和人格发展紧密相连。根据埃里克森的人格发展理论，小学 4~6 年级的儿童正处于学龄期阶段，如何形成相信自己能力的勤奋感，并正确解决好与怀疑自己能力的自卑感之间的关系，是这一成长阶段面临的主要任务与挑战[49]。锻炼动机反映了个体对身体健康、兴趣爱好、运动能力、良好形象和人际交往的需求程度，与儿童社会适应发展的内在需求联系密切。高锻炼动机的个体更有可能通过体育锻炼的形式发展身体自信、能力自信和人际自信，从而提高社会适应水平。正如 Maltby 等人的研究，锻炼动机与自尊水平呈正相关，与焦虑、社交功能障碍、抑郁等负性心理健康状况呈负相关，与工作压力、家庭压力、时间压力等压力水平呈负相关[50]，而这些因素都直接影响了个体的社会适应程度。

因此，我们有理由认为，锻炼动机较高的人通常都比较渴望提升自身的健康水平，提高自己的自信心，维持积极的情绪，并与朋友进行更多的交流合作。他们会通过包括体育锻炼在内的多种途径满足这些需求，从而促进个人的体质健康全面发展。

二、运动促进体质健康的中介因素

(一) 锻炼坚持的中介作用

锻炼坚持反映了个体在体育锻炼过程中努力保持锻炼行为持久性的一种行为倾向。体育锻炼是促进儿童青少年身体健康发展的有效措施，其在改善儿童青少年心血管功能、预防代谢综合征、降低肥胖率、提升骨密度、促进体能水平等方面的积极作用已经被学界公认[51]。同时，体育运动作为一种普遍存在的社会文化活动，在儿童青少年社会适应发展过程中也起着不可替代的作用，主要表现在以下几点。

第一，提高自尊和自我概念。自尊和自我概念代表了个人的价值感。有研究表明，经常性的体育锻炼对儿童青少年的自我概念具有积极影响，参加体育活动能够提高个体对身体自我的满意程度，进而提高个体的自尊心和自信心[52]。

第二，调节负面情绪。抑郁、愤怒等负面情绪的调节、控制能力是人们社会化水平的重要体现。研究表明，体育锻炼能够有效缓解中度抑郁症患者的抑郁水平，参与有氧运动的频率同更少的伤心情绪、愤怒感和社会排斥感相关[53]。

第三，增加社会交流。在日常生活中不断拓展人脉，融入新的群体，增加与人交流的机会，发展个体间的友谊，这些都是作为一个社会化的人所必需的。而运动参与则为人们提供了进行交流互动的平台，促进了锻炼者的社会化进程[54]。

因此，锻炼坚持在锻炼动机与体质健康之间可能起到了中介作用 (图 1-1)。

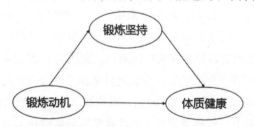

图 1-1　锻炼动机—锻炼坚持—体质健康的结构方程模型

(二) 自尊的中介作用

社会适应能力的提高是体质健康的综合表现。既然锻炼坚持的提高有可能带来更好的社会适应水平，那么这一提高作用的实现必然有相应的作用路径，在锻炼坚持与社会适应之间必然存在一些变量，这些变量在锻炼坚持与社会适应之间起到了中介作用。

自尊是人们对自身价值的总体评价，包括信念和情感，并体现在行为中，是尊严的个体内在成分。对自尊的研究，经历了由强调单一的价值因素或胜任因素到将两者进行整合研究的过程[55]。在自尊与社会适应的关系上，对于小学儿童来说，社会适应最重要的特征就是建立相信自己的勤奋感，这与反映自我价值和自我胜任的自尊有一定的相似性。有研究发现，儿童的自尊水平与社会适应之间存在显著的正相关，其中自尊与教育、社会、家庭适应的相关性较高，而与反社会倾向的相关性最低[56]。也有研究发现，自尊与压力呈负相关、与学习胜任感呈正相关，并中介了家庭支持和父母支持对学习适应的影响[57]。因此，有理由认为自尊能够正向预测社会适应。在锻炼坚持与自尊的关系上，根据 Sonstroem 等人提出的锻炼与自尊模型，参与体育运动能够对包括运动能力、身体力量、身体状况、身体吸引力在内的身体自我效能产生特定的影响，提高身体能力和身体自我价值，一方面可以直接提升整体自尊，另一方面可以通过提高身体接受间接提升整体自尊[58]。因此，有理由认为锻炼坚持能够预测自尊水平。综上所述，自尊在锻炼坚持和社会适应之间可能起到了中介作用（图 1-2）。

（三）情绪调节的中介作用

情绪能够激发必要的行为反应、决策调整，加深对重要事件的记忆并促进人际交往。当个体的情绪与特定的生活情境不适应时，就需要个体进行情绪调节以适应生活环境。可以说，情绪调节是个体适应社会生活的关键机制。Gross 认为，情绪调节过程包括情境选择、情境修正、注意分配、认知改变和反应调整五个组成部分，由此形成认知重评与表达抑制两种调节策略[59]。在情绪调节与社会适应的关系上，有研究发现，表达积极情绪的自我效能感和抑制消极情绪的自我效能感同社会适应呈不良负相关，情绪调节效能感在人格特质与社会适应不良之间起中介作用[60]。也有研究发现，情绪调节中介了学生社会成就目标和心理适应之间的关系，情绪调节得分与社会适应得分呈正相关[61]。因此，情绪调节能够预测社会适应。在锻炼坚持与情绪调节的关系上，有研究发现，急性有氧运动能够在压力事件后有效调节愤怒和焦虑情绪，并帮助个体克服负面情绪诱发后产生的情绪调节困难[62]。也有研究发现，长时间有氧运动能够显著提高认知重评水平而对表达抑制水平没有显著影响，这一提高机制，可能与执行功能的中介效果有关[63]。因此，锻炼坚持能够预测情绪调节。综上所述，情绪调节在锻炼坚持和社会适应之间可能起到了中介作用（图1-2）。

同时，在情绪调节与自尊的关系上，有研究认为，不同的情绪调节策略会对个体的自尊产生不同影响，认知重评与高自尊相关，而表达抑制则与低自尊相关[64]。追踪研究也发现，每天使用更多认知重评策略的个体会拥有更高的自尊水平[65]。因此，情绪调节和自尊可能链式中介了锻炼坚持对社会适应的影响（图1-2）。

(四) 体能的中介作用

体能不仅是影响个体健康水平的重要因素，同时也与个体的社会适应能力有着积极联系。有研究发现，具有较高心肺耐力水平的学生，其与心理健康相关的生活适应力显著提高[66]。有氧能力和运动技能水平与学生的执行功能和学业成绩呈显著正相关[67]。还有研究探讨了学生健康相关体能与心理健康的关系。结果显示，良好的心肺耐力、肌肉力量和肌肉耐力会对心理健康产生良好的促进作用，从而提升了学生的社会适应水平[68]。面对突发事件时，高体能水平儿童比低体能水平儿童表现出较高的心理健康水平。当突发事件严重程度较低时，高体能水平儿童会表现出更积极的同伴关系[69]。同时，青少年有氧能力的提高还能通过提升身体满意度和降低社交焦虑来降低抑郁水平[70]。因此，体能能够预测社会适应。在锻炼坚持与体能的关系上，大量研究都证明了持续中等强度有氧运动、高强度间歇训练、抗阻训练等不同形式的锻炼方法，会对体能产生不同程度的促进作用[71]。因此，锻炼坚持能够预测体能水平。综上所述，体能在锻炼坚持和社会适应之间可能起到了中介作用（图1-2）。

同时，在体能与自尊的关系上，有研究探讨了力量、耐力、柔韧、协调等体能要素在身体活动和身体自尊（包括运动胜任与身体外貌）之间的中介关系。结果发现，不论男女，心血管耐力和上下肢力量在身体活动和运动胜任之间都起着中介作用。对于男性，力量和柔韧性在身体活动和身体外貌之间起着间接影响[72]。也有研究发现，体能和自尊之间存在中度相关。儿童的体能水平，特别是心血管耐力和肌肉力量对自尊的影响作用最大[73]。因此，体能和自尊可能链式中介了锻炼坚持对社会适应的影响（图1-2）。

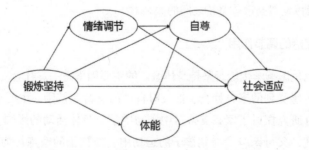

图1-2　锻炼坚持—社会适应的结构方程模型

三、运动促进体质健康的调节因素

既然锻炼坚持理论上具有良好的体能与社会适应促进作用，那么如何促进锻炼坚持行为就变得十分重要。前文构建了锻炼动机通过锻炼坚持影响社会适应的假设模型，那么这一假设模型有何边界条件？回顾现有文献可以发现，从锻炼动机到锻炼坚持的转化并不是在各种情况下都会产生相同的效果。

（一）性别的调节作用

在性别方面，有研究发现，感知到的行为控制、态度和规范能够显著预测学生参与体育活动的意愿，但是这一预测能力男生要显著高于女生[74]。也有研究发现，与男生相比，女生表现出更低的能量消耗、步数、高强度体力活动时间、总体力活动时间和更多的久坐时间；并且男生在休息时比女生更活跃[75]。这在很大程度上可能与男性和女性在社会化过程中所形成的不同性别刻板印象有关。因此，对更喜欢运动的男生来说，锻炼动机更有可能转化为锻炼坚持行为。综上所述，性别可能调节了锻炼动机与锻炼坚持之间的关系（图1-3）。

（二）家庭环境的调节作用

家庭环境包括家庭组成、家庭经济收入、父母工作类型、父母学历、教养方式、生活方式等众多因素，它被认为对儿童体育活动的参与有重要影响。有研究发现，家庭经济收入、是否单亲、有无兄弟姐妹等因素都同儿童长时间观看电视的行为相关[76]。也有研究发现，家庭收入同体育活动之间呈正相关，并能通过体育活动的中介作用，降低儿童的体重和身高关系水平；家庭经济条件低的儿童发生肥胖的风险更高且更容易养成久坐习惯[77]。父母教育水平同样会影响儿童的体育活动，教育水平高和会说外语的父母更倾向于鼓励并和孩子一起参加体育活动[78]。因此，具备特定家庭环境的儿童对运动的需求更有可能转化为锻炼坚持行为。综上所述，家庭环境可能调节了锻炼动机与锻炼坚持之间的关系（图1-3）。

（三）社会支持的调节作用

社会支持也是影响学生能否坚持身体锻炼的主要因素之一。社会支持是指在体育锻炼过程中所感受到的来自社会、他人对自己的支持和鼓励，主要来源于父母、教师和朋友。有研究探讨了家庭支持对中国初中学生身体活动的影响。结果显示，同口头鼓励相比，父母亲身参与到孩子的运动中会对孩子的锻炼行为产生最大影响[79]。另有研究结果显示，父母监督、体脂百分比和年龄共同解释了男孩非学校时间中高强度身体活动变异量的11.5%；如果家庭成员能与孩子一起运动，则能够解释6.4%的非学校时间身体活动变异量[80]。还有研究发现，同伴支持能够影响儿童的身体活动，这一影响以自尊和运动愉悦为中介，其中自尊的中介效果更强[81]。同时，班级和教师的支持也被认为能够影响儿童的身体活动，教师支持、性别和体重之间对身体活动的影响存在着显著的交互作用[82]。可以看出，儿童在体育锻炼时获得的社会支持越多，越能强化其坚持体育锻炼的行为。同时，也有研究发现，在锻炼动机不足的情况下，社会支持还可以起到提升动机、促进体育锻炼参与的作用。而当个体获得的社会支持较少时，则更有可能退出体育锻炼[83]。综上所述，社会支持可能调节了锻炼动机与锻炼坚持之间的关系（图1-3）。

图1-3　锻炼动机—锻炼坚持的调节模型

另外，本研究提出了锻炼坚持在锻炼动机与社会适应之间的中介作用，还提出了对于不同的外部锻炼支持条件，锻炼动机对锻炼坚持的预测能力也会不同。因此，本研究进一步提出整合的有调节的中介模型，即社会支持正向调节了锻炼坚持在锻炼动机与社会适应之间的中介作用——社会支持越高，锻炼坚持的中介作用越强（图1-4）。

图1-4　锻炼动机—社会适应的调节模型

第四节　影响体育锻炼行为的社会生态学模型

社会生态学理论由著名心理学家Bronfenbrenner提出，系统理论在行为学领域的重要应用，目前已经广泛应用于人类行为与社会性发展的相关研究领域之中。该理论将人所处的社会环境按照与个体关系的密切程度由内向外分成微系统、中间系统、外层系统和宏系统四个层次，各层次系统之间相互联系、相互作用，并在时间上不断变化，共同决定了个体行为的发展方向。其后，经过 Mcleroy、Stokols、Emmons 等人的不断拓展完善，逐步形成了锻炼行为领域的社会生态学模型，从个体层、人际层、组织层、社区层和政策层五个层面对影响个体锻炼行为产生与保持的因素进行了更加系统的探讨。

一、锻炼行为社会生态模型的个体层

个体层处于健康行为模型的中心，是所有外层因素的最终作用对象。关于个体因素对锻炼行为的影响的研究，目前多集中于心理因素的作用，主要包括自我效能、运动愉悦感、锻炼效益与障碍感知等。

Burke 等人检验了肥胖儿童身体活动自我效能感和身体活动之间的关系。结果显示，自我效能感和克服锻炼困难的信念对于预测肥胖儿童在家里的身体活动十分重要。应当将提升自我效能感作为促进年轻人参加体育活动的第一步[84]。Lu 等人检验了自我效能感在青少年同伴规范与身体活动间的中介作用。结果显示，自我效能和社会规范都能预测身体活动。对于男生来说，自我效能在同伴规范和身体活动间起到了完全中介作用，对女生来说则起到部分中介作用。研究建议，将培养自我效能和同伴规范作为促进身体活动的激励策略[85]。Hu 等人检验了自我效能对中国青少年身体活动的影响。结果显示，自我效能感对青少年享受身体活动的乐趣十分重要。建议身体活动的促进策略应当关注如何提高青少年的运动自我效能感和运动乐趣[86]。Lewis 等人对自我效能和运动愉悦对身体活动的预测作用进行了分析。结果显示，自我效能和运动愉悦都能预测身体活动，但是运动愉悦的预测作用更强。更强的运动愉悦似乎会影响个体的规律身体活动参与能力。因此，建议在制定干预策略时首先应注意提高身体活动的愉悦感[87]。

另外，个体感知到的运动效益与障碍也会对身体活动行为产生影响。Cheng 等人探讨了香港女性青少年体质健康、运动参与及运动效益与障碍间的关系。结果显示，对运动的健康效益具有积极认识的个体更倾向于保持健康的运动参与状态。建议在制定身体活动促进政策时应强调运动健康信念的培养，并强化最初的锻炼意图[88]。

二、锻炼行为社会生态模型的人际层

人际层面处于锻炼行为模型的近端层次，主要探讨来自家庭和同伴的支持对个体健康行为的影响。

有研究认为，基于家庭的干预策略更有可能鼓励并支持儿童青少年参与身体活动，因为与身体活动相关的行为、价值、信念大多都是在家庭环境中习得的[89]。Beets 等人系统综述了来自父母的社会支持同身体活动间的关系。结果发现，来自父母有形（交通工具、健身器材、健身经费等）和无形（鼓励、赞扬、知识等）的社会支持都同儿童青少年的身体活动存在积极联系[90]。Peterson 等人在研究中分析了父母社会支持和青少年身体活动之间的直接与间接关系。结果发现，父母工具性的社会支持（例如，交通工具）同女孩的身体活动呈正相关，而父母精神性的社会支持（例如，鼓励）则同女孩的身体活动呈负相关。另外，父母工具性的社会支持还通过男孩的自我效能感与身体活动间接相关[91]。

同伴关系在儿童青少年成长的过程中起着重要影响。随着儿童青少年在父母面前变得越来越自主，他们更多的是通过同伴来寻求行为和社交的发展[92]。Sirard 等人研究发现，女性的身体活动时间和屏幕时间同她们的男性及女性朋友的身体活动时间相关，而男性则只和他们的女性朋友的身体活动时间相关，从而支持了同伴会对青少年生活方式产生影响的假设[93]。Morrissey 等人综合研究了父母和同伴支持对青少年身体活动的影响。结果发现，从青少年早期到后期，来自父母和 / 或朋友的支持能够显著促进青少年的中高强度身体活动。然而，社会支持对中高强度身体活动的预测作用随着年龄的增加而降低[94]。

三、锻炼行为社会生态模型的组织层

锻炼行为模型中的组织层面，包括了与个体接触较为密切的组织场所。对于我国儿童青少年来说，大部分时间都在学校，因此，学校在儿童青少年锻炼行为促进中扮演着重要角色。

总的来说，学校在促进儿童青少年身体活动方面取得的效果并不尽如人意，这主要是因为基于学校的干预策略，缺乏对更广阔的校园环境的关注[95]。越来越多的研究发现，个体的行为不仅仅由思想来驱动（例如，知识、态度和信念），同时也会被环境刺激激发。这些环境因素可能是物质上的（例如，锻炼设施）、社会上的（例如，社会支持和社会规范）或者制度上的（例如，学校里的规定和政策）[96]。

不管是在学界还是在教育界，越来越多的兴趣开始集中于通过建设更广阔的学校锻炼行为支持环境来促进儿童青少年健康水平。Langford 在研究中检验了世界卫生组织提出的"学校健康促进"框架的效果，这一框架包括学校社交和锻炼环境、学校正式课程中的健康教育及同家庭和社区联系。结果发现，学校健康促进框架在促进学生健康水平的某些方面上有效。这一效果虽小，但是在人口学水平上十分重要[97]。Bonell 的研究专门分析了学校健康促进框架中学校环境对学生身体活动的影响，结果发现，环境干预在促进学生身体活动上具有很大作用[98]。Morton 等人在其综述研究中认为，在学校促进儿童青少年身体活动、减少静坐时间的策略中应当关注学校环境的多层次性，以及学校的物质、社会和政策环境如何通过交互作用影响身体活动行为的产生[99]。

四、锻炼行为社会生态模型的社区层

锻炼行为模型的社区层面主要探讨社区的建成环境对个体锻炼行为的影响。建成环境是指在一定地理空间范围内能够影响个体体力活动的城市规划环境，包括建筑密度和强度、土地混合利用、街道衔接性、街道密度、景观审美质量和区域空间格局等[100]。它在决定个人身体活动水平上扮演着重要角色。

许多建成环境的特征都扮演着限制身体活动的角色。这些限制主要表现在以下几点。

第一，机会限制。机会限制产生的原因主要是缺乏适当的设施供人们运动，或者是提供了能够降低人们运动机会的选择。缺乏休闲设施，如公园、广场和花园、小径，或者自行车道及陡坡，这些因素都会对身体活动产生负面影响[101]。

第二，距离限制。距离限制是由居住地与运动场地之间的距离造成的。如果体育活动的场地辐射半径距离居住地过远，就容易使人降低参与锻炼的兴趣并降低体育设施的使用度[102]。

第三，安全限制。安全限制的产生是因为人们害怕在建成环境中遭遇犯罪、交通事故或者个人伤害。暴力犯罪是限制个人参加体育活动的主要障碍，特别是在人口密度较低的社区；而过多地暴露于机动车尾气之下，也会降低人们运动的意愿[103]。

第四，物质设施限制。缺乏高质量的建成环境会使人觉得不舒适、不愉快，并最终成为个人参加体育活动的限制。例如，个人进行运动的意愿会因不好看的景观、低质量的环境、不合适的建成环境设计以及恶劣的气候条件等因素而降低[104]。

五、锻炼行为社会生态模型的政策层

政策环境位于锻炼行为模型的最外层，对应社会生态模型中的宏系统，被认为对个人锻炼行为的养成有着最广泛且深远的影响。面对儿童青少年身体活动下降，肥胖率上升的现状，各国都积极制定促进儿童青少年体育锻炼的国家政策，其内容涉及学校体育教育、身体活动相关的健康教育、社区环境支持、交通运输和大众媒介等多个方面[105]。

我国在促进儿童青少年体质健康方面也进行了大量政策层面上的设计。例如，2016 年国务院办公厅印发的《关于强化学校体育促进学生身心健康全面发展的意

见》，明确提出"到 2020 年，学生体育锻炼习惯基本养成，运动技能和体质健康水平明显提升，规则意识、合作精神和意志品质显著增强"。同年颁布的《"健康中国2030"规划纲要》明确提出"实施青少年体育活动促进计划，培育青少年体育爱好，基本实现青少年熟练掌握 1 项以上体育运动技能"。[106]2020 年颁布的《关于全面加强和改进新时代学校体育工作的意见》进一步明确提出"坚持健康第一的教育理念，推动青少年文化学习和体育锻炼协调发展，帮助学生在体育锻炼中享受乐趣、增强体质、健全人格、锤炼意志，培养德智体美劳全面发展的社会主义建设者和接班人"。这些政策的出台都对儿童青少年体育活动开展和体质健康水平提升产生了积极的促进作用。

综上所述，社会生态学理论更系统地阐述了影响儿童青少年锻炼行为主要因素间的层次与关系。各层系统之间相互作用，外层系统通常以内层系统为中介最终影响个体行为。但是这些作用关系的得出多是基于横向的调查数据，更多的是反映各影响因素间的相关性，并不能十分严谨地证明因果性。而通过纵向实验或跟踪研究的方法，探讨影响因素之间因果关系的研究相对较少。

第五节 基因多态性对体质健康的影响

体质健康的发展受到遗传与环境的综合影响，主要表现为与体能和社会适应相关的基因多态性能够为儿童的体质健康发展提供不同的潜在遗传优势，而不同的外界运动环境刺激则将这些潜在遗传优势转化为儿童体质健康的差异性发展。

一、单基因多态性对体能的影响

运动能力具有高度的遗传性，女性异卵双生子的运动能力遗传度大约为 67%，这使基因多态性和运动能力之间的关系受到关注。耐力素质和爆发力素质构成了体能的基础，因此大量研究也集中于探讨基因多态性对这两项素质的影响。

(一) 基因多态性对耐力素质的影响

1. 血管紧张素转移酶

血管紧张素转换酶（Angiotensin-converting Enzyme，ACE）基因是最早被发现与耐力素质相关的基因之一。ACE 是 RAAS 系统中的一个关键酶，能够将 Ang I 转化为 Ang II, 后者则影响了运动时由外周血管舒缩引起的肌肉毛细血管灌注 [107]。

目前, 关于运动基因（ACE）基因与耐力素质关系的研究主要集中在 ACE 第 16 内含子 287 bp 的 Alu 序列插入 / 缺失（I/D）多态性上。例如, Collins 等人的研究发现, 高加索男性精英铁人三项运动员的 I 等位基因频率要显著高于一般运动员和普通男性, 进而认为 ACE 基因与耐力素质相关, 具有 I 等位基因的运动员耐力素质更好 [108]。Shahmoradi 等人研究发现, 虽然伊朗精英运动员 ACE I 等位基因频率和 II 基因型比例要高于普通人, 但是, 在耐力为主的运动员中, D 等位基因的比例要高于力量为主和混合型运动员, 而混合型运动员的 I 等位基因的比例要高于另外两组 [109]。

国内研究也发现, 中国精英赛艇运动员的耐力素质与 ACE 基因 I/D 多态性有关, I 等位基因表达高于 D 等位基因, 在基因型上更倾向于 II 和 ID 型 [110]。艾金伟等人的 Meta 研究发现, 总体来看, ACE 基因 I/D 多态性与运动员耐力素质相关, 其中 D 等位基因与耐力素质负相关, I 等位基因与耐力素质正相关。但这一相关性多表现在男性高加索人群中, 亚洲人由于相关研究较少, 因此未表现出显著关联 [111]。也有研究报告了阴性结果。Ash 等人的研究发现埃塞俄比亚精英马拉松运动员的 ACE II 基因型比例虽然比一般人和力量型运动员高, 但是并未表现出统计学上的显著差异性 [112]。Orysiak 等人针对波兰冬季耐力项目运动员的研究也未发现 ACE 基因 I/D 多态性和有氧能力之间的关联 [113]。

总的来看, 大部分研究都发现了 ACE 基因 I/D 多态性与耐力素质之间的关系, 其中以 I 等位基因与耐力素质正相关的研究结果居多, 而不一致结果的出现可能与研究的样本数、运动项目和人种差异有关。

2. 核呼吸因子 2 基因

核呼吸因子 2（nuclear respiratory factor 2, NRF2）基因能够诱导线粒体生物功能的发挥, 在细胞核—线粒体交互过程中起着重要作用, 因此 NRF2 表达的上调也被认为同耐力素质的提高有关 [114]。目前, 关于 NRF2 基因多态性与耐力素质关系的研究主要集中在 rs12594956 位点 A/C 多态性、rs7181866 位点 A/G 多态性和 rs8031031 位点 C/T 多态性上。

Eynon 等人的研究发现, 在西班牙精英运动员中, 耐力项目运动员 rs12594956 位点的 AA 基因型频率要显著高于力量项目运动员和普通人群, 说明 rs12594956 位点的 A/C 多态性与耐力素质相关 [115]。Eynon 等人的另一项研究发现, 在以色列精英运动员中, 耐力项目运动员 rs7181866 位点 AG 基因型的比例要显著高于力量项目运动员和普通人群; 且在耐力项目组中水平越高的运动员 G 等位基因的频率越高, 说明 NRF2 AG 基因型与耐力素质间呈正相关 [116]。同时, 该研究组还探讨了 NRF2

A/C（rs12594956）和 NRF2 C/T（rs8031031）基因多态性的交互作用与精英运动员耐力素质的关系，结果发现，耐力运动员的 AA 和 CT 基因型频率高于短跑运动员和对照组，并具有较高的 A 和 T 等位基因频率。同时，AA+CT 这一最佳基因型的频率在顶尖耐力项目运动员中出现较多，从而进一步支持了 NRF2 基因多态性与耐力素质之间的相关性[117]。

国内的研究发现，rsl984823 位点 CC 基因型和 rs7794909 位点 CT+TT 基因型是预测精英耐力运动员的分子标记[118]。在精英赛艇运动员中，rs7181866 位点的基因型以 AA 型为主，其次是 AG 型，GG 型最少；A 等位基因频率高于 G 等位基因，且AG 基因型运动员的最大摄氧量相对值最高[119]。

总体来看，NRF2 基因多态性与耐力素质之间的关系已经被部分研究证实，但在具体位点多态性的作用上还存在争议，这可能与研究的运动项目及人种差异有关。

3. 过氧化物酶体增殖物激活受体

过氧化物酶体增殖物激活受体（peroxisome proliferator activated receptors, PPARs）可调控多种核内基因表达，共有 PPARα、PPARδ、PPARγ 三种亚型，主要分布于骨骼肌、内脏和脂肪组织中，在调节糖脂代谢平衡和影响肌肉生长方面起着重要作用。

Eynon 等人研究发现，PPARα 第 7 内含子 rs4253778 位点 G/C 多态性与以色列精英运动员的耐力素质相关，GG 基因型在顶级耐力运动员中出现较多，进一步支持了 G 等位基因与有氧能力相关的前期研究结果[120]。Tural 等人的研究同样发现，在土耳其精英耐力项目运动员中，PPARα G 等位基因频率及 GG+GC 基因型比例都要显著高于普通对照组，且最大摄氧量同 PPARα 基因型之间也存在显著的相关性[121]。Maciejewska 等人研究发现，在波兰精英赛艇运动员中，G 等位基因以及GG 基因型频率都要显著高于普通对照组[122]。Proia 等人研究同样发现，在意大利职业足球运动员中，PPARα G 等位基因以及 GG 基因型频率都要显著高于普通对照组，进一步支持了 G 等位基因以及 GG 基因型同耐力素质的关联[123]。国内胡杨等人研究了 PPARδ（A76077G）位点多态性与解放军体能训练指标的相关性，结果发现，A 等位基因与最大摄氧量相对值和心脏指数相关[124]。但在 Eynon 等人研究中，并未发现 PPARδ 的 T294C（rs2016520）基因多态性与耐力素质之间的关系[125]。这可能与选择的基因多态性位点及人群差异有关。

另外，线粒体 DNA（mtDNA）、葡萄糖转运蛋白 4（SLC2A4）)基因、血管内皮生长因子及其受体（VEGF、VEGFR2)基因、血管紧张素 II 2 型受体基因（AGTR2）等许多基因的多态性也被发现可能与耐力素质相关。

(二) 基因多态性对爆发力素质的影响

1. α - 辅肌动蛋白 -3 基因

α - 辅肌动蛋白 -3（α -actinin 3，ACTN3）基因只存在于快肌纤维中，是目前研究较多的与爆发力素质相关的基因。ACTN3 的基因多态性体现在 557 密码子处，终止子（X）代替了精氨酸（R），R 等位基因是 ACTN3 基因的正常形态。当替换为 X 等位基因后，ACTN3 的功能发生变化，XX 基因型的肌肉中不表达 ACTN3[126]。

Benzaken 等人研究发现，短跑运动员的 RR 基因型和 R 等位基因频率要高于长跑运动员，从而提示 ACTN3 基因多态性与田径运动中爆发力项目运动员的运动成绩相关[127]。Pasqua 等人的研究认为，ACTN3 X 等位基因同耐力素质相关，R 等位基因则同力量及爆发力素质相关，具备 RX 基因型的个体在运动时表现出更好的能量节省化[128]。Orysiak 等人研究了 ACTN3 基因多态性与波兰运动员身体能力的关系，结果发现，具有 RR 基因型的运动员同 RX 和 XX 基因型运动员相比，表现出了更高的深蹲跳功率和高度，但是在下肢肌力量上并无显著差异。他们由此认为 ACTN3 基因对动态运动能力的影响要大于静态肌肉力量[129]。Kikuchi 等人研究发现，ACTN3 RR 基因型个体同 X 等位基因携带者相比具有较高的肌肉力量和较低的关节柔韧性[130]。

在国内的相关研究中，Yang 等人研究了 ACTN3 基因多态性与中国精英运动员运动能力之间的关系，结果显示，在短跑和爆发力项目中，国际健将的 RR 基因型比例要显著高于国家健将；RR 基因型运动员的立定跳远和纵跳成绩比 RX 和 XX 基因型运动员更好[131]。

总体来说，ACTN3 基因多态性与运动能力间的关系已经被众多研究证实，大部分研究都认为 R 等位基因与爆发力素质有关。

2. 白细胞介素 6 基因

白细胞介素 6（interleukin-6，IL-6）是一种重要的介导免疫功能的多功能细胞因子，参与了运动损伤后的肌肉修复和生长。IL-6 基因的 174 G/C 多态性（rs1800795）与转录反应增加有关，能够影响 IL-6 的活性，G 等位基因与 IL-6 水平增加有关，而 C 等位基因与运动引起的骨骼肌损伤有关[132]。

Masoud 等人的系统综述研究显示，IL-6 基因 G 等位基因和 GG 基因型在短跑及爆发力项目精英运动员中出现比例较多，进而认为 G 等位基因是理想的爆发力项目基因表型，主要特征为更大的肌肉体积和力量[133]。Benzaken 等人的研究发现，同短距离游泳运动员相比，长距离游泳运动员的 C 等位基因和 CC 基因型频率更高，

G 等位基因频率较低，进而认为 C 等位基因和 G 等位基因可以分别作为长距离耐力型和短距离爆发力型游泳运动员选才的参考 [134]。Ruiz 等人的研究比较了西班牙男性精英耐力项目运动员、爆发力项目运动员和普通人之间的 G/C 多态性情况，结果发现，爆发力项目运动员的 G 等位基因和 GG 基因型频率都要显著高于耐力项目运动员和普通人 [135]。Eider 等人的研究也发现，波兰爆发力项目运动员的 GG 基因型和 G 等位基因频率都要高于普通对照组，进一步支持了 G 等位基因可能是影响爆发力的因素之一 [136]。但是，也有研究发现，G/C 多态性在以色列精英耐力项目运动员和爆发力项目运动员之间并无显著差异，这可能与种族差异有关 [137]。

总体来说，IL-6 基因 G/C 多态性与爆发力素质之间的关系已被大多数研究证实，但是其与耐力素质的关系，以及不同种族之间的差异还不明确。

3. 血管紧张素原基因

血管紧张素原（angiotensinogen，AGT）是 RAAS 系统中的另一位重要成员。AGT 由肝脏产生，在肾素的作用下生成 Ang I，随后 Ang I 在 ACE 的作用下生成 Ang II，参与到血压、炎症、细胞生长等调节活动中。同时，Ang II 蛋白水平还是重要的骨骼肌生长因子，有益于力量和爆发力相关的运动表现 [138]。AGT 基因多态性研究主要集中在 M235T（rs699）位点的 C/T 多态性上，其中 C 等位基因与较高的 Ang II 水平相关，能够提高激烈运动时的血压 [139]。

Gomezgallego 等人的研究发现，爆发力项目运动员的 CC 基因型比例要显著高于普通人群和耐力项目运动员。由此认为 AGT C 等位基因可能有利于爆发力项目的表现 [140]。Zarębska 等人的研究发现，爆发力项目运动员的 CC 基因型频率是普通人的 2.2 倍，是耐力项目运动员的 3.1 倍。由此认为 CC 基因型与爆发力项目运动员的表现有关 [141]。Zarębska 等人的研究同样发现，C 等位基因携带者在接受有氧舞蹈训练后，反映下肢爆发力的深蹲跳高度和功率显著增加 [142]。

总体来说，AGT 基因 C/T 多态性与爆发力间的关系已被大多数研究证实，但这一关系多集中在高加索人群，汉族人群是否也有这样的关系尚有待探讨。

另外，ACE 基因、过氧化物酶体增殖活化受体 γ 协同激活因子（PPARGC1A）基因、mTOR（FRAP1）基因、低氧诱导因子 1（HIF-1）基因等许多基因的多态性也被发现可能与爆发力素质相关。

二、单基因多态性对社会适应的影响

社会适应的发展与人格发展紧密相连，而气质作为个体情绪状态的一种典型特征，构成了人格的重要组成元素。研究发现，儿童气质的个体差异 44% 源于遗传因素。同时，情绪调节作为人的重要适应能力之一，对身心健康和人际交往有着重要影响。因此，与人气质和情绪调节特点相关的基因多态性也与社会适应有着密切关系。

（一）5-羟色胺转运体基因

5-羟色胺（5-hydroxytryptamine，5-HT）是中枢神经系统内影响神经元活性的一类重要神经递质，在调节情绪方面有着重要作用。其活性的降低被认为与个体恐惧和挫折的易感性有关。5-HT基因多态性主要表现在5-羟色胺转运体启动子区（5-HTT-linked polymorphic region，5-HTTLPR），该位置含有一个44bp的插入或缺失突变，从而形成L型（528bp）和S型（484bp）两种等位基因，构成三种基因型——L/L、L/S和S/S。其中，S等位基因表现为低转录活性，5-HTT的回收能力降低，对负性情绪更加敏感[143]。

Weiss等人研究发现，在健康女性中，个体自我情绪感知评估的有效性同5-HT-TLPR相关，两个纯合子组（L/L和S/S）个体内部情绪感知的有效性不如杂合子组（L/S）[144]。Plieger等人研究发现，情绪调节能力受到5-HTTLPR和应对策略的共同影响，一共可以解释30%的方差。当在不加干预状态下接触到厌恶刺激时，S等位基因携带者表现出增加的皮电反应。而在进行情绪控制的状态下，L和S等位基因携带者都表现出下调的情绪唤醒水平，说明当接收到抑制不良情绪的指令后，S等位基因携带者与L等位基因携带者具有相同的情绪唤醒水平[145]。Gilman等人的研究也发现，在健康人群中，S等位基因携带者的负性情绪调节能力下降，面对正负情绪时的皮电反应均上升，进而认为S等位基因与情绪障碍的易感性有关[146]。Cao等人的fMRI研究发现，S等位基因的数量与视觉边缘子网的功能性连接显著相关，这一子网包括对情绪调节至关重要的大脑区域，如海马、眶额皮质、前扣带回等，从而将5-HTTLPR基因多态性与情绪调节联系起来[147]。Raab等人的综述研究也进一步支持了5-HTTLPR基因多态性与情绪处理密切相关的研究结论[148]。

总体来说，5-HTTLPR基因多态性与情绪调节之间的相关性已被大量研究证实，且大部分研究都发现S等位基因同负性情绪易感性的增加有关。

（二）儿茶酚胺氧位甲基转移酶基因

儿茶酚氧位甲基转移酶（catechol-o-methyltransferase，COMT）能够调节中枢和外周神经系统中多巴胺、肾上腺素、去甲肾上腺素等儿茶酚胺类递质的代谢，因此也被认为是能影响情绪调节的候选基因。COMT基因多态性体现在第158位密码子（Val158Met），甲硫氨酸（Met）代替缬氨酸（Val），构成三种基因型——Val/Val、Met/Val和Met/Met，这导致COMT酶活性降低一半至四分之一[149]。

COMT 多态性被发现与前额叶皮质多巴胺活性有关，Met 等位基因携带者在多种认知测试上的表现要优于 Val 等位基因携带者。但是在应激条件下，随着多巴胺水平上升，这一关系会发生逆转，体现了多巴胺功能的倒 U 形特征[150]。Swart 等人研究发现，Met 纯合子个体在情感的语言表达上有更多困难，Met 等位基因与后扣带回的激活减弱有关，从而认为 Met 等位基因调节了情绪意识相关脑区的神经活动[151]。Vai 等人研究了狂躁型抑郁症患者 COMT 多态性和脑部功能连接的关系，结果发现，在杏仁核到全脑的功能连接强度方面，Val/Val 基因型患者显示出所有区域显著的正连接，携带 Met 等位基因的患者则表现为负连接，进而认为 Val/Val 基因型患者较差的抗抑郁药物恢复效果和临床表现可能与对负性情绪刺激更加敏感有关[152]。而 Hill 等人的研究发现，在正常状态下，Met 等位基因与女性更健康的情绪状态和更低的皮质醇水平相关。与 Val 纯合子相比，Met 等位基因携带者表现出较低的情绪障碍评分和感知压力[153]。

总体来看，COMT 多态性与情绪调节有关已经被众多研究证实，但是 Met 和 Val 等位基因与情绪调节之间的关系还存在争议，这可能与任务状态和研究人群差异有关。

(三) 多巴胺 D4 受体基因

多巴胺（Dopamine）是一类重要的神经递质，被认为与情绪调节和奖赏系统有关。因此，多巴胺系统内的受体基因也被认为可能与情绪和气质相关。其中，以多巴胺 D4 受体基因（DopamineReceptorD4，DRD4）研究较为集中。该基因多态性表现在第 3 外显子的一段 48bp 可重复序列（可重复 2～11 次），这一多态性同移情和相关的行为特征有关。

Ben 等人的研究发现，性别与 DRD4-III 多态性在 3.5 岁和 5 岁两个儿童组之间均存在显著的交互作用。携带 7R 等位基因的男孩情感知识得分高于女孩，而在没有 7R 等位基因的情况下，情感知识得分不存在性别差异。这一结果支持了 DRD4-III 多态性和性别差异对社会性发展的重要作用[154]。Uzefovsky 等人研究发现，在认知移情上存在着显著的基因型和性别交互效应，女性 7R 等位基因携带者得分高于非携带者，而男性 7R 携带者得分低于非携带者[155]。Wells 等人的研究还发现，长 DRD4 等位基因（7 次或更多重复）携带者与短等位基因携带者相比对于悲伤面孔刺激的注意增加。同时，长 DRD4 等位基因还与悲伤情绪激发后负面刺激的注意相关[156]。国内研究也发现，携带长 DRD4 等位基因儿童在活动水平、反应强度、情绪本质及坚持性上的得分均低于短等位基因携带者[157]。总体来说，DRD4 多态性与情绪调节和注意偏向之间的关系已被大多数研究证实，但是长等位基因和短等位基因谁更具优势，因研究人群、被试数量和测试任务的不同还存在差异。

另外，多巴胺 D2 受体基因（DRD2）、多巴胺转运体基因（DAT）、5- 羟色胺 2A 受体基因（HTR2A）、单胺氧化酶 A 基因（MAOA）、脑源性神经营养因子基因（BDNF）等许多基因的多态性也被发现可能与情绪调节和社会适应相关。

三、多基因联合作用对体质健康的影响

(一) 多基因联合作用对体能的影响

在耐力素质方面，Grenda 等人的研究发现，同普通对照组相比，在波兰长距离游泳运动员中，携带至少一个 ACE I 等位基因和至少一个 ACTN3 X 等位基因的频率要显著高于携带 DD 和 RR 两个纯合子的频率，进而认为 ACE I 和 ACTN3 X 等位基因的共同存在可能对长距离游泳运动员更有利[158]。Mägi 等人的研究发现，与普通对照组相比，在男性滑雪运动员中，ACE ID 和 ACTN3 RR 基因型的频率更高[159]。Tural 等人的研究发现，PPAR-α 和 PPARGC1A 基因多态性与精英运动员的有氧能力表现显著相关且存在交互效应，GGGlySer、GCGlyGly、GCGlySer 三种基因型在精英运动员中的比例要显著低于普通人群，而 GCSerSer 基因型的比例要显著高于普通人群[160]。在 Eynon 等人的研究中则发现 CCGlyGly 基因型与优秀耐力素质存在关联[161]。

在爆发力素质方面，Eynon 等人研究发现，ACE II 基因型 +ACTN3 R 等位基因和 ACTN3 RR 基因型 +ACE I 等位基因在以色列短跑运动员中出现的概率要显著高于普通人[162]。Ahmetov 等人研究发现，在俄罗斯初中儿童中，ACE-ACTN3 DD-RR 基因型携带者的立定跳远和握力成绩要显著高于 II-XX 基因型携带者；ACE-PPARA DD-GC/CC 基因型携带者的握力成绩要显著高于 II-GG 基因型携带者；ACTN3-PPARA RR-GC/CC 基因型携带者的握力成绩要显著高于 XX-GG 基因型携带者；ACE-ACTN3-PPARA DD-RR-GC/CC 基因型携带者的握力成绩要显著高于 II-XX-GG 基因型携带者[163]。

(二) 多基因联合作用对社会适应的影响

在社会适应的脑机制方面，Radua 等人的研究发现，COMT 与 5-HTTLPR 基因多态性交互作用于双侧海马旁回、杏仁核、海马、小脑蚓和右壳核 / 岛叶等脑区的灰质体积。与具有 Val 纯合子 S 等位基因及 Met 等位基因 L 纯合子的个体相比，在携带 COMT-Met 和 5-HTTLPR-S 等位基因或 COMT-Val 和 5-HTTLPR-L 纯合子的个体中，这些脑区的灰质体积较小，这一交互作用为个体情绪处理的差异提供了新的理解角度[164]。Fisher 等人的研究分别证明了相对于 Val/Val 纯合子，BDNF Met 等位

基因携带者在大脑皮质、尾状核、壳、海马、杏仁核等脑区表现出更高（2%～9%）的 5- 羟色胺结合水平。而 5-HTTLPR S 等位基因携带者同 LL 纯合子携带者相比表现出更低的（7%）5- 羟色胺结合水平[165]。

在社会适应的情绪和行为调节研究方面，Clasen 等人研究了 5-HTTLPR 和 BDNF Val66Met 多态性对健康人群生活压力与反刍思维关系的调节作用。结果发现，同其他基因型相比，具有 5-HTTLPR S/S 基因型或 BDNF Met/Met 基因型的个体在生活压力下表现出更多的反刍思维。此外，S 和 Met 等位基因的共同出现，会更大可能地增加生活压力下的反刍思维。进而认为，这些基因的变异同负性压力的生物敏感性有关[166]。Green 等人的研究发现，母亲产前抑郁、5-HTTLPR、DRD4 之间的交互作用能够预测婴儿 3～36 个月期间的负性情绪[167]。Hohmann 等人研究了 15 岁儿童外化行为同 DRD4 和 5-HTTLPR 基因多态性间的关系，结果发现，具有 DRD47R 等位基因个体报告的外化行为明显多于其他基因型携带者。同时，携带两个 5-HTTLPR 短等位基因和 DRD47R 等位基因的青少年在攻击和 / 或违规行为上的得分最高[168]。Tamm 等人研究发现，COMT Val158Met、ADRA2A C1291G 基因型和性别的组合能够预测情绪测试成绩和唤醒水平。在简单视觉测试中，携带 Met 和 G 等位基因的男性在面对悲伤面孔时表现出更高的消极感知[169]。

四、基因多态性与环境的共同作用对体质健康的影响

(一) 基因多态性与环境的共同作用模式

目前，关于基因多态性与环境的交互作用模式主要有四种假设。

1. 基因易感模型

基因易感模型（Genetic Vulnerability Model）认为具有某些遗传风险因素的个体在消极环境的影响下更容易表现出不良的社会适应结果，但在积极环境影响下并不会得到更好的发展[170]。

2. 差别易感模型

差别易感模型（Differential Susceptibility Model）认为具有某种遗传易感因素的个体容易在消极环境下产生不良的社会适应，但也容易在积极环境中表现出积极的社会适应[171]。

3. 最佳匹配模型

最佳匹配模型（Goodness of Fit Model）认为环境与遗传因素（基因、气质等）之间的最佳匹配将促进儿童良好发展。对于儿童青少年来说，积极的社会适应并不是他们本身或社会环境的产物，而源于他们自身需求和风格与特定环境之间的契

合[172]。

4.社会增强模型

社会增强模型（Social Enhancement/Vantage Sensitivity Model）认为具有某些遗传因素的个体容易在积极的环境下表现出良好的社会适应结果，但不容易受消极环境的影响，具有优势敏感性（Vantage Sensitivity），因此也被称为优势易感模型[173]。

(二) 体能相关基因多态性与运动形式的共同作用

Pereira 等人研究发现，老年白人女性在接受 12 周快速力量训练后，除了腿部最大伸肌力和 ACE I/D 多态性外，在所有肌肉能力指标上均出现了基因型 × 训练的交互作用。ACTN3 RR+RX 和 ACE DD 基因型个体同 ACTN3 XX 和 ACE II+ID 基因型个体相比，在所有参数上均存在显著差异。由此认为，ACE 和 ACTN3 基因型会对老年白人女性的力量训练敏感性产生影响[174]。Valdivieso 等人研究发现，ACE I/D 多态性和训练状态会对股外侧肌慢肌纤维的平均横截面积产生交互影响。这一交互影响同样表现在运动引起的 22 种代谢物、8 种脂质、糖原浓度、ACE 转录水平等一系列指标的变化上。由此认为，受试者有氧运动能力变化的差异，部分体现在 ACE I/D 多态性调节的特定肌肉的代谢特征上[175]。Durmic 等人研究发现，ACTN3 X 等位基因会升高运动员急性运动后的血压，而 ACE I 等位基因会促进急性运动后的血压下降。因此，ACE I 等位基因对运动的心血管健康促进效益更有利[176]。Norman 等人研究发现，短跑运动引起的 mTOR 和 p70S6k 磷酸化水平，在 ACTN3 XX 基因型的受试者中要比 RR+RX 基因型受试者低。这表明 XX 基因型中肌肉肥大信号的激活不太明显。且短跑运动期间 II 型肌纤维的糖原利用水平在不同的 ACTN3 基因型中不同。这一研究进一步支持了 ACTN3 基因型与肌肉质量和糖原利用度有关，是爆发力项目锻炼的敏感基因[177]。

可以看出，不同的体能相关基因多态性为个体不同类型运动能力的发展提供了潜在优势。当得到有针对性的体育锻炼后，相应的运动能力会得到更好的发展。

(三) 社会适应相关基因多态性与成长环境的共同作用

Riley 等人的研究发现，5-HTTLPR 多态性和父母养育方式的交互作用可以预测儿童的恐惧气质。S/S 基因型与恐惧气质的升高和持续有关，支持性的养育方式与较低的恐惧气质相关，而严厉的养育方式则与较高的恐惧气质相关，特别是在 S/S 基因型的儿童中[178]。Nishikawa 等人研究发现，在进行面部表情识别测试时，携带 5-HTTLPR SL 或 LL 基因型且感受到更多母亲拒绝的人与感受到较少母亲拒绝的人相比，表现出较低的右侧前额叶血红蛋白含量。这说明对于接受积极养育方式的 L

等位基因携带者，右侧前额叶的激活要比那些接受消极养育方式的人高，从而表现出更好的情绪调节和社交能力[179]。Simonsd 等人研究发现，5-HTTLPR S 等位基因与社会环境的交互作用能够预测对坚韧性的信念。并且，社会环境与 DRD4 长等位基因和 5-HTTLPR S 等位基因之间存在显著交互作用，同时具有这两个等位基因的人对社会环境的敏感性要比只具有其中一个等位基因的人高[180]。Ivorra 等人的综述研究也发现，具有 5-HTTLPR S 等位基因婴儿的烦躁评分与母亲在第 8 周和第 32 周时的护理焦虑相关，而 L/L 基因型婴儿的烦躁评分与母亲焦虑无关[181]。

国内研究也发现了 DRD2 基因 TaqIA 多态性与同伴侵害对青少年早期抑郁的交互作用，在 A2A2 基因型男生中，身体侵害和关系侵害可以显著正向预测其抑郁水平[182]。MAOA 基因 rs6323 多态性与母亲支持性教养行为交互作用于女青少年的抑郁水平，母亲支持性教养能够显著负向预测 GG 基因型女青少年的抑郁水平[183]。

可以看出，不同的社会适应相关基因多态性既可能成为个体情绪调节能力发展的潜在优势，也可能成为潜在劣势。而在接触到适宜的成长环境后，这些优势可能得到进一步发挥，劣势也可能得到弥补。

第六节　本章小节

体能和社会适应作为体质的重要组成部分，其评价内容包含了速度、力量、耐力、柔韧、平衡、灵敏等生理指标，以及自尊、情绪调节、学习适应、家庭适应、人际适应等心理指标。

在众多体育运动项目中，足球运动以其运动参与的广泛性、体能发展的全面性、人际交流的多样性、情绪体验的丰富性等特征，具备了较好的体能与社会适应综合促进价值。然而，目前大多数健康促进研究都将体能与社会适应作为两个独立的作用结果进行探讨，缺乏将两者统一的综合研究。特别是在体能与社会适应的关系上，以及运动影响儿童体能与社会适应的潜在作用机制上仍缺乏深入分析。另外，关于儿童运动参与及体能与社会适应主要影响因素间的作用关系，多以反应相关性的横断面调查研究为主，而能反应因果性的纵向实验研究相对较少。

社会生态学理论从系统的角度阐述了影响个体锻炼行为主要因素之间的层次与关系，这为儿童体质健康促进模式的构建提供了理论框架。然而，如何从社会生态学视角设计校园体育运动开展模式，提升体育运动体质健康促进效益的可持续性，目前的研究多以理论探讨为主，实验研究相对缺乏。

体能与社会适应具有一定的遗传性。虽然 ACE、NRF2、ACTN3、AGT、DRD2、COMT 等众多基因多态性都被发现可能与体能和社会适应有关，且存在一定的基因与环境交互作用，但是总体来看，研究对象以精英运动员和精神性疾病患者居多，研究内容以单个基因多态性与相关行为表征的关系居多，研究设计以横向调查研究居多；而以健康儿童为研究对象，以基因与环境交互作用为研究内容，探讨基因多态性在运动环境影响儿童体能和社会适应发展中作用的研究相对较少。

第二章　整体研究方案设计

针对当前儿童体质健康促进研究中存在的问题，本书在探寻儿童体育运动参与和体质健康主要影响因素及其作用关系的基础上，基于社会生态学理论，构建系统性的体质健康促进社会生态学模式，并分析其实施效果和作用机制，以及基因多态性在这一过程中起到的作用，以期提高儿童体育运动参与水平，为促进儿童体质健康全面发展提供理论与实践参考。

第一节　研究目标与价值

一、主要研究目标

本研究的总目标是构建能够有效促进儿童体质健康全面发展的体质健康促进社会生态学模式，并通过实证研究的形式，对该模式的实施效果和作用机制进行分析。具体可以分为以下四个阶段。

第一阶段，路径分析研究。在分析经常参加体育运动儿童的体能和社会适应特征的基础上，探寻影响儿童体育运动参与和体育运动体能及社会适应促进效益发挥的主要因素及作用关系，为更加有效且可持续发展的体质健康促进模式设计提供理论依据。

第二阶段，模式设计研究。以体能和社会适应的共同提高为目标，以影响体育运动体质健康促进效益发挥的主要因素为切入点，基于社会生态学理论，设计系统性的儿童体质健康促进模式，为切实提升儿童体质健康水平提供实践参考。

第三阶段，实践检验研究。以系统干预的形式，从因果关系的角度，对通过调查研究发现的体育运动影响儿童体质健康的可能路径进行验证，得出更严谨的结论，弥补体质健康促进领域社会生态学理论量化研究的不足。

第四阶段，基因多态性研究。分析基因多态性及其与运动干预的交互作用对儿童体质健康发展的影响，为在运动干预过程中儿童体质健康发展出现分层现象的原因提供更科学的解释，进一步丰富儿童体质健康促进理论体系。

二、研究主要价值

目前关于如何将社会生态学理论应用于儿童体质健康促进的研究多集中于宏观的理论研究，而缺乏具体的开展模式研究。因此，本研究着力于实践层面学校体育运动开展理念、内容和模式的创新，预期成果能为教育主管部门儿童体质健康促进政策的制定提供参考，为基层学校体育运动的开展提供系统性的实践指导方案。这对于实现社会生态学理论在儿童体质健康促进领域的实践转化，推动中小学体育工作改革创新，切实提高学生体质健康水平，具有较强的应用价值。

目前关于基因多态性在儿童体质健康发展过程中所起作用的研究仍相对缺乏。因此，本研究从"环境—基因"交互作用视角入手，既分析外部系统干预和内部基因多态性分别对儿童体质健康发展的作用，又分析两者的交互作用，为更科学地认识运动干预过程中儿童体质健康出现差异性发展的原因，以及更加个性化的儿童体质健康促进方案开发提供理论依据，这对于落实《健康中国行动（2019—2030）》要求，切实提高儿童体质健康水平，具有较高的学术价值。

第二节　研究基本思路与方法

一、研究基本思路

本书研究基本思路如图 2-1 所示。首先，分析影响儿童运动参与和体质健康的主要因素并建立因素间的结构方程模型；其次，针对主要影响因素和作用关系，从社会生态学的理论视角出发，设计能够全面提升儿童体质健康水平的系统性运动促进模式；再次，检验体质健康促进模式的实施效果，并从因果关系的角度进一步验证与分析该模式影响儿童体质健康发展的可能作用机制；最后，分析基因多态性对儿童体质健康发展的影响，探讨儿童体质健康发展的"环境—基因"交互作用模式。

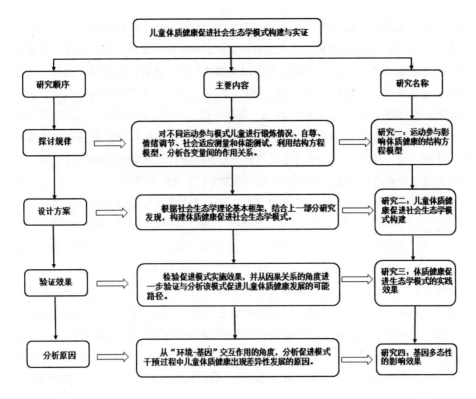

图2-1　研究基本思路

二、主要研究方法

在路径分析研究部分，对311名(男生184人，女生127人，年龄11.22±1.18岁)经常参加足球运动和314名(男生164人，女生150人，年龄11.12±1.97岁)无规律体育锻炼习惯的小学4~6年级儿童进行锻炼动机、锻炼坚持、社会支持、自尊、认知重评和社会适应情况调查，及50米跑、仰卧起坐、跳绳等一般性体能测试。使用组别×性别的双因素方差分析进行研究变量的差异性检验，并通过构建各变量间的结构方程模型进行中介与调节效应分析。

在模式设计研究部分，采用专家访谈和问卷调查相结合的形式，分析当前学校体育体质健康促进功能的制约因素，并基于社会生态学理论，从微系统的实践支持机制、中间系统的统筹联动机制和外层系统的制度保障机制入手，构建体质健康促进社会生态学模式。

在实践检验研究部分，招募小学3~4年级足球实验班学生174人(男生108人，女生66人，年龄10.19±0.91岁)作为实验组，按照设计好的体质健康促进模式进行一学年的干预。招募同年级只参加一般性学校体育活动的学生 167 人（男生 88 人，女生 79 人，年龄 10.15 ± 0.83 岁）作为对照组。分三次进行锻炼坚持、自尊、认知重评、社会适应等量表，及 50 米跑、仰卧起坐和跳绳等一般性体能测试。同时，在上述研究对象中进一步选择 110 名（男生 61 人，女生 49 人，年龄 9.95 ± 0.72 岁）实验组学生和 59 名（男生 30 人，女生 29 人，年龄 9.62 ± 0.54 岁）对照组学生进行下肢爆发力、快速跳跃能力、反应时、平衡、速度耐力、灵敏性和有氧能力等专项体能测试。使用组别 × 性别 × 时间的重复测量方差分析进行研究变量的差异性检验，并通过构建各研究指标变化量间的结构方程模型进行中介效应分析。

在基因多态性研究部分，选取同意参加全部量表测量、体能测试和基因检测的 106 名（男生 61 人，女生 45 人，年龄 9.98 ± 0.72 岁）实验组学生及 59 名（男生 30 人，女生 29 人，年龄 9.62 ± 0.54 岁）对照组学生，采用 Sanger 法进行血管紧张素转换酶（ACE）、核呼吸因子 2（NRF2）、α-辅肌动蛋白 -3（ACTN3）、血管紧张素原（AGT）、多巴胺 D2 受体（DRD2）、儿茶酚转移酶（COMT）等基因多态性检测。使用独立样本检验和单因素方差分析，检验不同性别中候选基因多态性对体能、社会适应初始水平的影响。使用以各观测指标初始水平为协变量的单因素方差分析和基因型 × 组别的双因素方差分析，分别检验不同性别中候选基因多态性对体能、社会适应变化的影响，以及基因多态性与足球运动环境的交互效应对体能和社会适应变化的影响。

第三节　研究内容安排

本书共分为七章，其中 3~6 章为本书的核心内容，3~4 章内容反映了体质健康促进社会生态学模式构建阶段的工作，5~6 章内容反映了该模式实证阶段的工作。

第一章：儿童青少年体质健康促进研究评述。主要回顾了儿童青少年体质健康促进研究的学术动态，归纳国内外在相关研究领域的主要成果，分析当前研究存在的问题，找到本书研究的切入点。

第二章：整体研究方案设计。介绍了本书研究的研究目标、研究价值、研究思路和研究方法。其核心逻辑是探讨规律、构建模式、验证效果、分析原因。

第三章：运动参与影响体质健康的结构方程模型。分析了经常参加体育运动的儿童的体能和社会适应特征，探寻影响儿童体育运动参与和体育运动体能及社会适应促进效益发挥的主要因素及作用关系。

第四章：儿童体质健康促进社会生态学模式构建。针对第三章研究发现的主要影响因素及作用关系，从社会生态学的理论视角出发，以足球运动为实践载体，设计能够全面提升儿童体能与社会适应的系统性体质健康促进模式。

第五章：体质健康促进生态学模式的实践效果。检验该模式的实施效果，并通过对各研究变量动态变化特征的分析，从因果关系的角度进一步验证与分析该模式促进儿童体质健康发展的可能路径。

第六章：基因多态性在体质健康促进过程中的作用。从"环境—基因"交互作用的角度，分析促进模式干预过程中儿童体质健康可能出现差异性发展的原因。

第七章：研究总结及展望。在对本书主要研究结论进行总结的基础上，将研究结论应用于体质健康促进模式创新和学校体育改革之中，提出针对性的建议，并结合大数据时代教育信息化的发展背景，提出未来体质健康促进领域的研究方向。

第三章 运动参与影响体质健康的结构方程模型

体质健康促进模式的构建既要提升儿童的体育运动参与度，又要促进体能与社会适应的共同发展，这就需要对儿童体育运动参与及体能与社会适应主要影响因素的特征和作用关系进行深入探讨。因此，本章针对锻炼动机、锻炼坚持、社会支持、体能、情绪调节、自尊及社会适应等可能影响儿童体育运动参与及体能与社会适应的潜在因素，在分析经常参加足球运动和无规律运动习惯的儿童上述因素发展特征的基础上，利用结构方程模型，探讨对于不同运动参与特征的儿童，锻炼动机如何通过锻炼坚持影响社会适应，以及性别、家庭环境和社会支持对锻炼坚持的影响；并进一步探讨锻炼坚持如何通过体能、情绪调节、自尊影响社会适应，以期更加深入地揭示运动参与、体能发展、社会适应之间的关系及影响因素，为更有针对性的体质健康促进模式构建提供理论依据。

第一节 研究方法与假设

一、研究对象

本研究抽取青岛市10所开展足球运动较好的国家级校园足球特色学校，在学校选取4~6年级参加规律足球训练1年以上的校足球队成员作为足球组研究对象。同时，选取同年级无规律体育锻炼习惯且基本不参加足球运动的学生作为普通组研究对象。为了降低共同方法偏差的干扰，问卷调查分两次进行，两次问卷调查结果之间通过学生姓名进行匹配。

共调查足球组学生342人，普通组学生357人，在剔除无效问卷和无法匹配的问卷后，足球组有效研究人数为311人，有效率90.9%；普通组有效研究人数为314人，有效率88.0%。各组别研究对象基本情况如表3-1所示。

表3-1　研究对象基本情况

组别	调查人数	有效人数	平均年龄	专项训练时间	男生	女生	四年级	五年级	六年级	选择标准
足球组	342	311	11.22 ± 1.18	2.16 ± 0.88	184	127	87	138	86	校足球队成员，参加规律足球训练1年以上
普通组	357	314	11.12 ± 1.97	0	164	150	92	141	81	除体育课和大课间活动外，不参加规律体育锻炼

二、量表测量

由于研究对象为中高年级小学生，为了使学生较好地理解量表内容，保证测量的信效度，本研究对所使用量表中部分语义模糊、表述复杂、不好理解的题目在保持原意的基础上，通过征求专家、班主任及部分学生的意见，进行了适当简化与修改；并在正式施测前对部分中高年级小学生进行了试测，受试学生均表示能够理解题目含义。

(一)锻炼情况的测量

通过锻炼动机、锻炼坚持和锻炼的社会支持三个指标综合评价研究对象的锻炼情况。其中，锻炼动机采用陈善平修订的《锻炼动机量表（MPAM-R）简化版》进行测量。该量表包括健康动机、外貌动机、乐趣动机、能力动机和社交动机五个维度，得分越高表示相应动机越强[184]。在研究中，各维度的Cronbach's α系数分别为健康动机0.759、外貌动机0.737、乐趣动机0.746、能力动机0.783、社交动机0.830，具有较好的内部一致性。

锻炼坚持采用陈善平编制的《锻炼坚持量表》进行测量，得分越高表示锻炼坚持水平越高[185]。在研究中，Cronbach's α系数为0.842，具有较好的内部一致性。

社会支持采用陈善平编制的《社会支持量表》进行测量。该量表包括父母支持、教师支持和同伴支持三个维度，得分越高表示获得相应的支持水平越高[44]。在研究中，各维度的Cronbach's α系数分别为父母支持0.813、教师支持0.869、同伴支持0.822，具有较好的内部一致性。

(二) 自尊与情绪调节的测量

自尊采用韦嘉等人修订的《二维自尊量表》中的部分题目进行测量[186]。该量表包括自我悦纳和自我胜任两个维度，原量表中正向计分题和反向计分题各占一半，本研究为降低小学生理解难度，控制量表总题项数，只选取了其中正向计分题目进行测量，得分越高表示自尊水平越高。其中，自我悦纳维度的Cronbach's α 系数为0.789，自我胜任维度为0.794，具有较好的内部一致性。

情绪调节策略采用陈亮等人修订的《儿童青少年情绪调节量表》进行测量，该量表已被证明在 3~6 年级小学生中具有较好的信效度，包括认知重评和表达抑制两个维度，得分越高表示相应的情绪调节策略适用程度越高[187]。在研究中，认知重评维度的Cronbach's α 系数为0.862，具有较好的内部一致性；表达抑制维度的Cronbach's α 系数为0.622，内部一致性稍低。

(三) 社会适应的测量

社会适应采用由唐东辉等设计的《青少年学生人体适应能力测量问卷》中的社会适应分量表进行测量。该量表分为学习环境适应、家庭环境适应、社会人际关系适应三个维度，得分越高表示相应的适应水平越高[19]。在本研究中，各维度的Cronbach's α 系数分别为学习环境适应0.825、家庭环境适应0.714、社会人际关系适应0.741，具有较好的内部一致性。

上述所有量表均采用Likert7 点计分，各维度得分及量表总分为所含题目得分加总后的平均值。

(四) 研究构面的信效度检验

本研究共涉及锻炼动机、锻炼坚持、社会支持、自尊、情绪调节、社会适应六个构面。采用因子分析进行效度检验，根据各研究构面理论上的因子结构采用主成分法限定产生六个成分，并用最大方差法进行旋转，以因素负荷量大于0.6、交叉负荷量小于0.4作为题目纳入分析的标准。经过第一次因子分析，发现锻炼动机量表中的外貌动机维度、锻炼坚持量表中的第二题、情绪调节量表中认知重评维度第一题和表达抑制维度明显未达到纳入分析的标准，将其删除后再进行一次因子分析，各题目基本达到纳入分析的标准，累计解释结构变异量为72.94%。

同时，按照Fornell 和 Larcker 提供的标准[188]，以组成信度（composite reliability, CR）大于0.6，平均方差萃取量（average variance extracted, AVE）大于0.5，作为各研究构面信效度的检验标准。如表3-2所示，除社会适应构面外，其余各研究构面的 CR 和 AVE 值都分别大于 0.6 和 0.5。社会适应构面的 AVE 值为 0.481，虽略低于 0.5，但仍在可接受范围之内。总体来看，各研究构面均具有较好的组成信度和收敛效度，说明各题目能够较为一致地解释相应构面，且均具有较好的解释效力。

综上所述，本研究所使用的量表能够有效测评小学中高年级儿童的锻炼动机、锻炼坚持、社会支持、自尊和社会适应水平。

表 3-2　各研究构面信效度检验

	因素						组成信度	收敛效度
	锻炼动机	锻炼坚持	社会支持	自尊	社会适应	认知重评	CR	AVE
健康动机	0.786						0.847	0.583
乐趣动机	0.833							
能力动机	0.676							
社交动机	0.750							
坚持1		0.735					0.817	0.599
坚持3		0.787						
坚持4		0.798						
父母支持			0.776				0.852	0.658
教师支持			0.836					
同伴支持			0.821					
自我悦纳				0.818			0.781	0.641
自我胜任				0.783				
家庭适应					0.778		0.733	0.481
人际适应					0.703			
学习适应					0.585			
认知重评2						0.740	0.864	0.561
认知重评3						0.736		
认知重评4						0.675		
认知重评5						0.783		
认知重评6						0.804		

三、体能测试

在各学校进行国家学生体质健康测试期间，采集研究对象 50 米跑、1 分钟仰卧起坐和 1 分钟跳绳成绩，综合评价学生体能水平。所有测试均由专业体育教师按照《国家学生体质健康标准》的要求进行。

四、统计方法

在 SPSS 23.0 中，使用双因素方差分析进行各变量组别（足球组、普通组）×性别（男生、女生）的差异性检验。使用 Pearson 相关和线性回归检验各变量间的相关程度和预测关系。在 AMOS 24.0 中构建结构方程模型，进行模型适配度和中介效应分析。同时，在 SPSS23.0 中使用 PROCESS 进行调节效应分析。数据结果用平均值 ± 标准差（M ± SD）表示，以 $P \leq 0.05$ 表示差异具有显著性。

五、研究假设

基于本书第一章中运动的体质健康促进价值和运动促进体质健康作用机制部分的文献综述，本研究提出以下研究假设：

假设 1：经常参与运动的儿童会表现出更好的体能与社会适应水平。

假设 2：锻炼坚持在锻炼动机和社会适应之间起到了中介作用。

假设 3：性别调节了锻炼动机与锻炼坚持之间的关系。

假设 4：家庭环境调节了锻炼动机与锻炼坚持之间的关系。

假设 5：社会支持调节了锻炼动机与锻炼坚持之间的关系。

假设 6：社会支持正向调节了锻炼坚持在锻炼动机与社会适应之间的中介作用，社会支持越高，锻炼坚持的中介作用越强。

假设 7：自尊在锻炼坚持和社会适应之间起到了中介作用。

假设 8：情绪调节在锻炼坚持和社会适应之间起到了中介作用。

假设 9：情绪调节和自尊链式中介了锻炼坚持对社会适应的影响。

假设 10：体能在锻炼坚持和社会适应之间起到了中介作用。

假设 11：体能和自尊链式中介了锻炼坚持对社会适应的影响。

第二节　不同运动参与模式下儿童体质及锻炼特征

本节内容从体质的多维结构入手，选择在国家学生体质健康测试中，4～6年级儿童都涉及的 50 米跑、1 分钟仰卧起坐和 1 分钟跳绳作为体能的评价指标；选择自尊和情绪调节能力中的认知重评作为心理发展的评价指标；选择学习适应、家庭适应和人际适应作为社会适应的评价指标；选择锻炼动机、锻炼坚持和社会支持情况作为锻炼情况的评价指标，进而较全面地分析不同运动参与模式下儿童的体质及锻炼特征。

一、不同运动参与模式下儿童体能特征

50米跑反映了快速冲刺能力,仰卧起坐反映了核心力量,跳绳则综合反映了下肢力量耐力与手脚协调性。这些能力在小学4～6年级阶段都处在变化敏感期,对于评价和促进儿童体能水平具有积极意义。

本研究发现,在这三项测试上,组别主效应均非常显著$[F_{(1, 621)} = 121.085$,$P<0.01$; $F_{(1, 621)} = 267.629$, $P<0.01$; $F_{(1, 621)} = 13.886$, $P<0.01]$。具体来看,足球组的50米跑、1分钟仰卧起坐和1分钟跳绳成绩均要显著优于普通组(表3-3)。

另外,在50米跑和1分钟仰卧起坐上,性别主效应也均显著$[F_{(1, 621)} = 10.415$,$P<0.01$; $F_{(1, 621)} = 4.337$, $P<0.05]$。具体来看,男生的50米跑和1分钟仰卧起坐成绩均显著优于女生。而在1分钟跳绳上,性别主效应不显著$[F_{(1, 621)} = 0.058$,$P>0.05]$。同时,在这三项测试上组别 × 性别交互效应均不显著。

表3-3 不同组别儿童的体能特征

变量	足球组(M±SD)			普通组(M±SD)		
	男(n=184)	女(n=127)	总计(n=311)	男(n=164)	女(n=150)	合计(n=314)
50米/s	9.04 ± 0.73	9.30 ± 0.78	9.15 ± 0.76	9.88 ± 1.07	10.09 ± 1.03	9.98 ± 1.06
仰卧起坐/个	44.13 ± 8.53	41.68 ± 8.01	43.13 ± 8.40	31.77 ± 9.57	31.33 ± 7.98	31.56 ± 8.84
跳绳/个	133.89 ± 22.42	131.19 ± 23.95	132.79 ± 23.06	124.45 ± 26.08	126.23 ± 23.26	125.30 ± 24.75

总体来说,经常参与足球运动的儿童要比普通儿童表现出更高的体能发展水平。这一方面得益于足球运动本身的体能促进价值。足球训练带来的高心率与身体活动强度,以及更全面的身体锻炼效果,都能有效提高儿童的体能水平[189]。另一方面也得益于校园足球运动带来的更多体育活动时间。国外研究发现,98%的参与足球俱乐部的孩子都符合卫生当局的体育活动建议[190]。在本研究中,足球组学生每周至少三次的足球训练也使他们在中高强度体力活动时间上大大高于普通学生。

同时,在体能的性别差异上,男生比女生在50米跑和仰卧起坐上成绩更好,但是在跳绳成绩上却没有显著的性别差异。这也符合小学阶段儿童的生理发展特征,即在速度和力量素质上男生优于女生,但在协调性上男生并没有更具优势[191-192]。

二、不同运动参与模式下儿童自尊与认知重评特征

自尊包含了自我悦纳和自我胜任两个维度。本研究发现,在自我悦纳上,组别

×性别交互效应显著 [$F_{(1, 621)} = 4.727$，$P<0.05$]。进一步简单效应分析发现，在足球组中，男生的自我悦纳要显著高于女生 [$F_{(1, 621)} = 3.812$，$P<0.05$]；在普通组中，男女生的自我悦纳不存在显著差异 [$F_{(1, 621)} = 1.240$，$P>0.05$]。在男生中，足球组的自我悦纳显著高于普通组 [$F_{(1, 621)} = 15.108$，$P<0.01$]；而在女生中，不同组别之间没有显著差异 [$F_{(1, 621)} = 0.303$，$P>0.05$]（表3-4）。

在自我胜任上，组别×性别交互效应显著 [$F_{(1, 621)} = 4.666$，$P<0.05$]。进一步简单效应分析发现，在足球组中，男女生的自我胜任不存在显著差异 [$F_{(1, 621)} = 0.474$，$P>0.05$]；在普通组中，女生的自我胜任显著高于男生 [$F_{(1, 621)} = 5.686$，$P<0.05$]。在男生中，足球组的自我胜任显著高于普通组 [$F_{(1, 621)} = 18.397$，$P<0.01$]；而在女生中，不同组别之间没有显著差异 [$F_{(1, 621)} = 0.860$，$P>0.05$]（表3-4）。

表3-4　不同组别儿童的自尊与认知重评特征

变量	足球组（M±SD）			普通组（M±SD）		
	男（n=184）	女（n=127）	总计（n=311）	男（n=164）	女（n=150）	合计（n=314）
自我悦纳	5.65±0.93	5.42±1.05	5.56±0.99	5.23±1.09	5.36±1.05	5.29±1.07
自我胜任	5.27±1.00	5.19±1.00	5.24±1.00	4.81±0.99	5.08±1.05	4.94±1.03
认知重评	5.40±1.05	5.26±1.09	5.34±1.07	4.86±1.16	5.08±1.13	4.96±1.15

总体来说，足球运动能够提升儿童的自尊水平，并且这一提升作用在男生中更明显。表现为在自我悦纳方面，只有在男生中，足球组儿童的自我悦纳才显著高于普通组。自我悦纳反映了个体对自我价值的肯定。人际关系满意度、同伴支持、同伴交往和家庭环境等因素被认为是影响自我价值感的主要因素[193]。在注重团队精神的足球运动中，队员之间相互支持、相互协作，营造了良好人际关系，使学生获得在集体中的存在感，从而提升了自我价值感。特别是男生，足球技能增长较快且符合性别刻板印象的需求，因此相较于女生，男生更能从足球技能的提升中获得对自我价值的肯定。

在自我胜任方面，只有在男生中，足球组学生的自我胜任才显著高于普通组。自我胜任反映了个体对自我能力的肯定。对小学生来说，学习仍然是最主要的任务，因此，学业自我效能感直接影响了对自身能力的肯定。相较于调皮好动的男生，乖巧听话的女生更加受到教师的喜爱，并表现出了更高的学业自我效能感[194]。因此，在普通小学生中，女生的自我胜任感显著高于男生。而足球队中的学生面临训练和比赛任务，因此运动自我效能感和身体自我效能感也是影响其对自身能力肯定程度的重要因素。特别是男生，运动技能的提升为其带来了更高的自我效能感，进而表现出了更好的自我胜任水平。

在认知重评上，组别 × 性别交互效应显著 [$F_{(1, 621)}$ = 3.879，P<0.05]。进一步简单效应分析发现，在不同组别中，男女生的认知重评不存在显著差异 [$F_{(1, 621)}$ = 1.070，P>0.05；$F_{(1, 621)}$ = 3.092，P>0.05]。在男生中，足球组的认知重评显著高于普通组 [$F_{(1, 621)}$ = 20.574，P<0.01]；而在女生中，不存在显著差异 [$F_{(1, 621)}$ = 1.966，P>0.05]（表 3-4）。

通过改变对潜在情绪诱发情境的解释来进行情绪调节的认知重评策略，被认为比通过阻止正在发生的情绪表达行为来调节情绪的表达抑制策略具有更好的身心健康促进价值。国内外研究均发现，在认知重评的使用上，不同性别之间不存在显著差异[195-196]。认知重评的性别差异不显著，进一步支持了前期研究结论。同时，经常性的运动参与能让个体更倾向于使用认知重评策略来调节情绪[197]，这可能与运动带来的执行功能改善有关[198]。本研究也发现，足球队中的男生会更多地使用认知重评策略来调节情绪，这可能与男生足球运动参与更积极、情绪体验更多样，进而在情绪调节上获得更多的训练与益处有关。

三、不同运动参与模式下儿童社会适应特征

对儿童而言，学校是他们接受社会化的主要场所，对学校环境的适应也构成了儿童社会适应的主要维度。而在学校环境中，对学习环境（学习习惯、学习兴趣、学习自我效能等）和人际关系的适应（师生关系、同伴关系等）是最主要的表现形式。此外，家庭环境是除学校环境以外儿童接触最多的环境，对家庭环境的适应也是评价儿童综合社会适应能力的重要部分。因此，本研究从学习适应、人际适应和家庭适应三个维度共同评价小学生的社会适应情况。

研究发现，在学习适应和人际适应上，组别 × 性别交互效应显著 [$F_{(1, 621)}$ = 5.211，P<0.05；$F_{(1, 621)}$ = 4.205，P<0.05]。进一步简单效应分析发现，在足球组中，男生的学习适应要显著高于女生 [$F_{(1, 621)}$ = 4.172，P<0.05]；在普通组中，男女生的学习适应不存在显著差异 [$F_{(1, 621)}$ = 1.385，P>0.05]。在男生 [$F_{(1, 621)}$ = 34.878，P<0.01] 和女生 [$F_{(1, 621)}$ = 4.852，P<0.05] 中，足球组的学习适应均显著高于普通组（表 3-5）。

同时，在不同组别中，男女生的人际适应不存在显著差异 [$F_{(1, 621)}$ = 2.674，P>0.05；$F_{(1, 621)}$ = 1.590，P>0.05]。在男生 [$F_{(1, 621)}$ = 32.860，P<0.01] 和女生 [$F_{(1, 621)}$ = 5.565，P<0.05] 中，足球组的人际适应均显著高于普通组（表 3-5）。

在家庭适应上，组别主效应非常显著 [$F_{(1, 621)}$ = 10.091，P<0.01]，足球组要显著高于普通组。性别主效应 [$F_{(1, 621)}$ = 0.036，P>0.05] 和组别 × 性别交互效应均不显著 [$F_{(1, 621)}$ = 3.790，P>0.05]（表 3-5）。

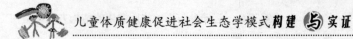

表3-5　不同组别儿童的社会适应特征

变量	足球组（M±SD）			普通组（M±SD）		
	男（n=184）	女（n=127）	总计（n=311）	男（n=164）	女（n=150）	合计（n=314）
学习适应	5.86±0.77	5.67±0.84	5.78±0.80	5.34±0.85	5.45±0.87	5.39±0.86
家庭适应	5.99±0.91	5.82±1.02	5.92±0.96	5.58±1.03	5.72±1.02	5.65±1.03
人际适应	5.55±0.87	5.37±0.86	5.48±0.87	4.97±0.97	5.11±1.03	5.04±1.00

总体来说，经常参与足球运动的儿童在学习适应、人际适应和家庭适应上都要显著高于普通儿童。另外，足球组儿童在学习适应上还表现出了男女生之间的显著差异，男生要高于女生。根据社会适应"领域—功能"理论模型的观点，良好的社会适应源于个体通过积极的应对方式来解决个体发展中遇到的问题，而压力的应对和社会支持的获得则是个体社会适应发展过程中必须解决的问题。有研究表明，压力在消极应对方式和消极社会适应之间起到了中介作用，而社会支持的提高则会提升学习适应水平[199]。

经常参加足球运动的小学生表现出更好的社会适应水平，一方面得益于足球运动对压力和社会支持的改善作用。对小学生来说，来自学业上的压力相对较轻，加上适当体育活动对儿童认知资源的改善作用，提高了儿童的认知灵活性和注意稳定性，从而促进了学习效率和学业成就[200]，大大提升了学生的学习自我效能感，降低了学习压力。同时，足球作为一项团队运动，能够跨越文化和社会经济障碍，促进社会包容和沟通技巧，构建积极的人际关系和成就感[201]，这也使经常参加足球运动的儿童拥有了更加积极的人际支持环境和心理健康水平，促进了社会适应的发展。

四、不同运动参与模式下儿童锻炼情况特征

在参与体育锻炼的健康动机、乐趣动机、能力动机和社交动机上，组别主效应均非常显著 [$F_{(1, 621)}$ = 9.353，$F_{(1, 621)}$ = 21.935，$F_{(1, 621)}$ = 64.154，$F_{(1, 621)}$ = 31.779，P 均 <0.01]。具体来看，足球组的健康动机、乐趣动机、能力动机和社交动机均显著高于普通组。在健康动机上，性别主效应不显著（[$F_{(1, 621)}$ = 3.280，P>0.05]；在乐趣动机、能力动机和社交动机上，性别主效应显著 [$F_{(1, 621)}$ = 5.174，P<0.05；$F_{(1, 621)}$ = 16.572，P<0.01；$F_{(1, 621)}$ = 7.192，P<0.01]。具体来看，男生的乐趣动机、能力动机和社交动机均显著高于女生。另外，在各项锻炼动机上，组别 × 性别交互效应均不显著（表3-6）。

在锻炼坚持上，组别主效应非常显著 [$F_{(1, 621)}$ = 170.287，P<0.01]，足球组显著高于普通组。性别主效应非常显著 [$F_{(1, 621)}$ = 10.621，P<0.01]，男生要显著高于女生。

组别 × 性别交互效应不显著（表3-6）。

在体育锻炼的父母支持和教师支持上，组别主效应均非常显著 [$F_{(1, 621)}$ = 59.530，$P<0.01$；$F_{(1, 621)}$ = 90.120，$P<0.01$]。具体来看，足球组的父母支持和教师支持均显著高于普通组。性别主效应和组别 × 性别交互效应均不显著。在同伴支持上，组别 × 性别交互效应显著 [$F_{(1, 621)}$ = 6.006，$P<0.05$]。进一步简单效应分析发现，在足球组中，男生的同伴支持要显著高于女生 [$F_{(1, 621)}$ = 6.445，$P<0.05$]；在普通组中，男女生的同伴支持不存在显著差异 [$F_{(1, 621)}$ = 1.244，$P>0.05$]。在男生 [$F_{(1, 621)}$ = 71.807，$P<0.01$] 和女生 [$F_{(1, 621)}$ = 16.589，$P<0.01$] 中，足球组的同伴支持均显著高于普通组（表3-6）。

表3-6　不同组别儿童的锻炼情况特征

变量	足球组（M ± SD）			普通组（M ± SD）		
	男（n=184）	女（n=127）	总计（n=311）	男（n=164）	女（n=150）	合计（n=314）
健康动机	6.12 ± 0.96	6.01 ± 0.93	6.07 ± 0.95	5.90 ± 1.18	5.69 ± 1.20	5.80 ± 1.19
乐趣动机	5.71 ± 1.02	5.49 ± 0.95	5.62 ± 1.00	5.27 ± 1.21	5.08 ± 1.27	5.18 ± 1.24
能力动机	5.92 ± 0.98	5.56 ± 0.97	5.78 ± 0.99	5.22 ± 1.18	4.85 ± 1.24	5.04 ± 1.22
社交动机	5.43 ± 1.15	4.99 ± 1.14	5.25 ± 1.16	4.70 ± 1.21	4.59 ± 1.41	4.65 ± 1.34
锻炼坚持	6.26 ± 0.84	5.96 ± 0.86	6.14 ± 0.86	5.18 ± 1.16	4.95 ± 1.06	5.07 ± 1.12
父母支持	6.25 ± 0.72	6.15 ± 0.83	6.21 ± 0.77	5.72 ± 0.86	5.66 ± 0.87	5.69 ± 0.87
教师支持	6.39 ± 0.74	6.28 ± 0.68	6.34 ± 0.72	5.57 ± 1.22	5.60 ± 1.12	5.59 ± 1.17
同伴支持	6.13 ± 0.85	5.90 ± 0.92	6.04 ± 0.88	5.08 ± 1.21	5.24 ± 1.09	5.16 ± 1.15

根据自我决定理论，外部动机与内部动机之间是统一的连续体。当人们的动机越接近内部动机，就会获得更多的满足感，锻炼坚持性也越好。而健康、乐趣、能力、社交等锻炼动机都被认为属于内部动机[202]。因此，可以认为对于经常参与足球运动的儿童来说，他们进行体育锻炼的内部动机更强，从而会表现出更好的锻炼坚持水平。本研究也确实发现在锻炼坚持上，足球组学生要显著高于普通组学生。

足球组学生较高的锻炼动机，可以用自我效能理论来解释。该理论认为个体越是对自己完成特定任务的能力感到自信，越是能强化其完成任务的内部动机。体育锻炼领域的研究也发现，自我效能感能正向预测锻炼动机[203]。对校足球队中的学生来说，他们的足球运动技能水平发展较快，与普通学生相比，在掌握技能、参与比赛、获得胜利的过程中，运动乐趣和运动自我效能感得到更多的提升，从而能保持较高的锻炼动机。

另外，足球组学生更高的锻炼坚持水平还与他们在体育锻炼过程中能够获得更多的社会支持有关。社会支持的提高为学生参与体育活动提供了更多的外部支持环境[204]。对于足球队学生而言，学校希望他们获得比赛成绩，为校争光，家长希望通过足球运动发展特长拓宽升学途径，同伴之间因为共同爱好也会相互支持。本研究也确实发现，在体育锻炼的教师支持、家长支持和同伴支持上，足球组学生均要显著高于普通组学生。

在锻炼动机与锻炼坚持上，男生在乐趣、能力和社交动机上要显著高于女生，进而表现出更高的锻炼坚持水平。这一差异可能与社会性别角色、社会规范等因素有关[205]。在中国传统文化中，男生本应该更活泼、强健，而女生应该更文静、优雅，这一性别角色观念直接影响了男女生对参与体育运动的态度。在社会支持上，只有在足球组中男生的同伴支持显著高于女生，这提示在参与足球运动的过程中，男生不仅更容易获得来自同伴的支持，也更愿意向别人提供支持。

综上所述，经常参与足球运动的儿童要比普通儿童表现出更高的锻炼动机、更多的社会支持和更好的锻炼坚持，从而具备了更好的体能水平；并且要比普通儿童表现出更高的自尊水平和认知重评策略使用倾向，从而表现出了更高的社会适应水平。同时，足球运动的这些益处在男生中表现得更加明显。因此，研究假设1得到了验证。

第三节　锻炼动机影响社会适应的作用路径

本节内容以锻炼动机为自变量，以社会适应为因变量，以锻炼坚持为中介变量，尝试构建锻炼动机—锻炼坚持—社会适应的结构方程模型，进而分析不同运动参与模式下儿童的锻炼动机如何通过锻炼坚持行为影响社会适应。

一、研究构面间的相关与回归分析

本研究发现，在不同组别中，锻炼动机同锻炼坚持和社会适应之间，以及锻炼坚持和社会适应之间，均存在显著相关（表3-7），但足球组中的相关密切程度要高于普通组。

表3-7　不同组别研究变量间的相关性

组别	变量	锻炼动机	锻炼坚持	社会适应
足球组	锻炼动机	1		
	锻炼坚持	0.628**	1	
	社会适应	0.497**	0.590**	1

组别	变量	锻炼动机	锻炼坚持	社会适应
普通组	锻炼动机	1		
	锻炼坚持	0.495**	1	
	社会适应	0.459**	0.523**	1

注: ** 表示 $P<0.01$。

同时，在不同组别中，锻炼动机均能显著正向预测社会适应，但不同组别的预测能力存在差异。在对学习适应和人际适应的预测能力上，足球组分别为 23.6%（$R^2=0.236$，$P<0.01$）和 16.8%（$R^2=0.168$，$P<0.01$），高于普通组的 17.8%（$R^2=0.178$，$P<0.01$）和 14.9%（$R^2=0.149$，$P<0.01$）。而在对家庭适应的预测能力上，足球组与普通组相似，分别为 16.2%（$R^2=0.162$，$P<0.01$）和 16.9%（$R^2=0.169$，$P<0.01$）。

这一预测能力上的差异，可能是因为在不同组别中与运动相关的身体自尊在整体自尊中所占比重不同。对于足球组儿童来说，运动技能的发展是一项重要任务，这一任务的完成会对整体自尊产生更大的影响，进而同步影响社会适应。

本研究也发现，在足球组和普通组中，锻炼动机和锻炼坚持之间均存在显著相关，且锻炼动机均能够显著正向预测锻炼坚持。但是不同组别的预测能力存在差异，足球组的预测能力为 41.0%（$R^2=0.410$，$P<0.01$），高于普通组的 28.2%（$R^2=0.282$，$P<0.01$），并且除了健康动机和能力动机外，乐趣动机也具有显著的预测能力。

同时，在不同组别中，锻炼坚持均能显著正向预测社会适应，但是不同组别的预测能力存在差异。在对学习适应、家庭适应和人际适应的预测能力上，足球组分别为 30.0%（$R^2=0.300$，$P<0.01$）、22.6%（$R^2=0.226$，$P<0.01$）和 22.9%（$R^2=0.229$，$P<0.01$），高于普通组的 25.5%（$R^2=0.255$，$P<0.01$）、17.1%（$R^2=0.171$，$P<0.01$）和 17.1%（$R^2=0.171$，$P<0.01$）。这一预测能力的差异，可能与不同组别儿童锻炼坚持水平及自尊水平不同有关。足球组儿童的锻炼坚持性更好，并在足球运动中形成了更高的自尊，满足了小学阶段儿童的心理发展需求，进而使社会适应得到同步发展。

二、测量模型的构建与质量检验

根据研究假设，本节研究构建了锻炼动机、锻炼坚持和社会适应三个测量模型，遵循先前研究的处理方式[206]，用纳入分析的四个锻炼动机维度、三个社会适应维度的平均分作为各自观察变量。如表 3-8 所示，三个构面的 CR 和 AVE 值分别大于 0.6 和 0.5，说明测量模型具有较好的组成信度与收敛效度，符合进行结构方程分析的标准。

表3-8 研究构面的信效度检验

构面	题目	参数显著性估计				题目信度		组成信度	收敛效度
		Unstd	S. E.	z-value	P	Std	SMC	CR	AVE
锻炼动机	健康	1.000				0.760	0.578	0.860	0.608
	乐趣	1.203	0.058	20.572	***	0.866	0.750		
	能力	1.064	0.058	18.304	***	0.751	0.564		
	社交	1.145	0.064	17.868	***	0.734	0.539		
锻炼坚持	坚持1	1.000				0.737	0.543	0.856	0.666
	坚持3	1.277	0.066	19.279	***	0.846	0.716		
	坚持4	1.228	0.064	19.320	***	0.860	0.740		
社会适应	学习适应	1.000				0.873	0.762	0.833	0.626
	家庭适应	0.917	0.055	16.652	***	0.681	0.464		
	人际适应	1.044	0.056	18.510	***	0.808	0.653		

注：体能构面中各观察变量为均值中心化处理后的值；*** 表示 $P<0.001$。

三、结构方程模型的构建

根据研究假设2，在 AMOS24.0 中分别构建不同组别锻炼动机、锻炼坚持和社会适应之间的结构方程模型（SEM）。如图3-1、图3-2所示，在模型1和模型2中，各条路径均达显著水平（P 均 <0.05）。根据 Kiray 和吴明隆等人的观点，在结构方程模型中，X2/df ≤ 3.00 表示模型完美适配，≤ 5.00 表示尚可接受，RMSEA ≤ 0.08（越小越好），GFI、NFI、RFI、IFI、CFI 等值 ≥ 0.90（越接近1越好）表示模型适配[207-208]。如表3-9所示，模型1和模型2中，各拟合性检验指标均达到标准，说明模型具有良好的适配度。

注：* 表示 $P<0.05$；*** 表示 $P<0.001$；括号外数字为非标准化路径系数，括号内数字为标准化路径系数；为了简洁，未呈现各观察变量。

图3-1 模型1：足球组锻炼动机—锻炼坚持—社会适应的 SEM

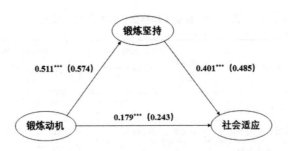

注: *** 表示 *P*<0.001; 括号外数字为非标准化路径系数, 括号内数字为标准化路径系数; 为了简洁, 未呈现各观察变量。

图 3-2　模型 2: 普通组锻炼动机—锻炼坚持—社会适应的 SEM

表 3-9　结构方程模型适配度检验

组别	模型	X^2	*df*	$X^{2/df}$	RMSEA	GFI	NFI	RFI	IFI	CFI
足球组	模型 1	57.616	32	1.800	0.051	0.965	0.961	0.945	0.982	0.982
普通组	模型 2	85.607	32	2.675	0.073	0.949	0.946	0.925	0.966	0.965

四、锻炼坚持的中介效应

本研究根据 MacKinnon 和 Hayes 的建议, 在 AMOS 中采用 Bootstrapping 方法分析各模型的中介效应, 进行 1000 次 Bootstrap, 若 95% 置信区间不包含 0, 则中介效应显著。

如表 3-10 所示, 在足球组中, 通过 bias-corrected 和 percentile 两种估计方法的检验, 模型 1 的间接效应 95% 置信区间不包含 0, 说明存在显著的中介效应, 中介效应占总效应的比例为 68.1%。同时, 模型 1 的直接效应 95% 置信区间包含 0, 说明直接效应不显著。因此, 在足球组中, 锻炼坚持在锻炼动机与社会适应之间起着完全中介的作用。

在普通组中, 通过 bias-corrected 和 percentile 两种估计方法的检验, 模型 2 的间接效应 95% 置信区间不包含 0, 说明存在显著的中介效应, 中介效应占总效应的比例为 53.4%。同时, 模型 2 的直接效应 95% 置信区间不包含 0, 说明直接效应显著。因此, 在普通组中, 锻炼坚持在锻炼动机与社会适应之间起着部分中介的作用。

儿童体质健康促进社会生态学模式构建与实证

表3-10 模型1和模型2的中介效应检验

组别	模型	点估计值 SE	系数乘积 bias-corrected		Bootstrap 1000 times 95% CI			
			Z-Value	Lower	percentile			
					Upper	Lower	Upper	
足球组 模型1	间接效应							
	动机→坚持→适应	0.455	0.114	3.991	0.280	0.742	0.273	0.722
	直接效应							
	动机→适应	0.213	0.119	1.790	-0.028	0.440	-0.049	0.422
	总效应							
	动机→适应	0.668	0.080	8.350	0.520	0.847	0.499	0.826
普通组 模型2	间接效应							
	动机→坚持→适应	0.205	0.045	4.556	0.129	0.305	0.124	0.298
	直接效应							
	动机→适应	0.179	0.067	2.672	0.057	0.324	0.054	0.323
	总效应							
	动机→适应	0.384	0.062	6.194	0.274	0.514	0.271	0.512

　　根据驱力理论的观点，个体从事某项活动的动机强度取决于消除心理匮乏状态的内驱力、外部诱因和习惯的共同作用。对于小学生，建立对自己能力的信心是这一成长阶段的主要需求。这一需求反映在体育运动上，主要表现为渴望提高身体能力的健康动机和提高运动技术的能力动机；反映在社会适应上，则主要表现为渴望获得学业成功并获得同伴间的友谊和父母的肯定。这种内驱力的相似性，使通过锻炼动机预测社会适应成为可能。前期研究也已经证明，锻炼动机高的个体更有可能通过锻炼坚持的形式来实现社会适应相关品质的发展[209]。

　　前期研究认为，锻炼动机能够显著预测个体的锻炼坚持程度，其中自主性动机的预测效果更好[210]。关于不同类型锻炼动机同锻炼坚持之间的关系，国内外研究并未达成一致。这些差异可能与研究对象的性别、年龄、文化背景有关。本研究发现，健康动机和能力动机是预测儿童锻炼坚持的普遍性动机；而足球组中的儿童对运动乐趣的追求也是影响其锻炼坚持的重要因素。这为针对不同儿童群体的体育活动促进方案设计提供了依据。而不同组别中锻炼动机对锻炼坚持预测能力的不同，则可能与不同组别获得的锻炼支持环境不同有关。足球组儿童的社会支持水平显著高于普通组，能促进其锻炼动机转化为锻炼坚持行为。

　　锻炼坚持促进社会适应的机制，从神经生理学角度上看，有研究表明，有氧运动能够通过儿童脑的可塑性对海马、前额叶、颞叶、前扣带皮层等与记忆、抑制功能、情绪调节等活动有关的脑区产生良好影响[211]，从而为儿童社会适应能力的发展提供更好的认知基础。从社会心理学角度上看，以足球为代表的团队体育活动，能够更好地提升儿童在人际关系处理中的社交技巧，维持自尊水平，减少心理问题并提升学业成就，为学生社会适应能力的提高提供了良好的实践载体[212]。

通过构建结构方程模型并进行中介效应检验，在不同组别中，锻炼坚持在锻炼动机和社会适应之间均起着显著的中介作用，但足球组模型在总效应量和中介效应量上都要高于普通组。同时，在足球组中锻炼坚持起着完全中介的作用，在普通组中则起着部分中介的作用。这提示我们，对于经常参加足球运动的儿童来说，锻炼动机和锻炼坚持能最大限度地预测社会适应，并且锻炼动机对社会适应的影响更多的是通过锻炼坚持实现的，这可能与经常性足球运动参与带来的更多身心健康促进效益和运动成就感有关。

总的来说，在锻炼动机对锻炼坚持的预测作用，以及锻炼动机和锻炼坚持对社会适应的预测作用上，足球组都要高于普通组。同时，在不同组别中，锻炼坚持均中介了锻炼动机和社会适应之间的关系，并且在足球组中这一中介效应更强，表现为完全中介。因此，研究假设2得到了验证。

五、中介模型的调节因素

前文研究已经证明，为了通过足球运动促进小学生的体能与社会适应，首先要将锻炼动机充分转化为锻炼坚持行为。那么在不同的条件下，锻炼动机对锻炼坚持的影响是否存在差异？本研究进而对性别、家庭环境和社会支持等因素对锻炼动机与锻炼坚持之间关系的调节效应进行了分析。

按照最大组比最小组人数不超过4倍的原则，在调查的所有基本情况变量中，性别、父母学历和家庭收入符合纳入分析的标准。使用PROCESS中的模型1分别进行分类变量（性别、父母学历、家庭收入）和连续变量（社会支持）对锻炼动机与锻炼坚持之间关系的调节效应检验，Bootstrap为1000次。

（一）性别与家庭环境的调节效应

如表3-11所示，在不同组别中，锻炼动机与性别、父亲学历、母亲学历和家庭收入的交互项均未达到显著水平（P值均 >0.05），交互项的 $\Delta R2$ 也均未达到显著水平（P值均 >0.05），说明性别、父母学历和家庭收入对锻炼动机与锻炼坚持之间关系的调节效应不显著。

表3-11　性别与家庭环境的调节效应

组别	模型	coeff	se	t	P	LLCI	ULCI	ΔR2	F	P
足球组	动机 × 性别	0.018	0.093	0.195	0.846	-0.164	0.200	0.000	0.038	0.846
	动机 × 父亲学历	0.057	0.135	0.421	0.674	-0.21	0.324	0.001	0.177	0.674
	动机 × 母亲学历	0.019	0.117	0.163	0.871	-0.212	0.25	0.000	0.027	0.871
	动机 × 家庭收入	0.099	0.113	0.879	0.38	-0.123	0.322	0.002	0.773	0.38
普通组	动机 × 性别	-0.098	0.105	-0.934	0.351	-0.305	0.109	0.002	0.871	0.351
	动机 × 父亲学历	-0.071	0.151	-0.468	0.64	-0.37	0.228	0.001	0.219	0.64
	动机 × 母亲学历	-0.193	0.127	-1.519	0.131	-0.444	0.058	0.010	2.307	0.131
	动机 × 家庭收入	-0.079	0.137	-0.575	0.566	-0.349	0.191	0.001	0.331	0.566

在性别的调节作用方面，已有研究发现，女生参加体育活动的可能性要低于男生，并且随着年龄的增长，女生体育活动量下降更明显[213]。这可能是因为男女生在锻炼动机上存在差异，男生参加锻炼的内部动机更高，从而表现出更高的锻炼坚持水平。也有研究发现，虽然从儿童晚期到青春期早期随着时间的推移，女生的体育活动参与率下降幅度大于男生，但是在控制生物年龄后，性别和实际年龄对体育活动的影响明显减弱[214]。不过，这些研究多是单纯探讨性别对锻炼动机和锻炼行为的影响，少有研究探讨性别对锻炼动机与锻炼行为之间关系的影响。

本研究也发现，在参加体育锻炼的主要动机和锻炼坚持上，男生都显著高于女生，支持了前期的研究结果。但是并没有发现，在不同组别中锻炼动机和性别存在显著的交互作用，说明性别差异并不会影响锻炼动机对锻炼坚持的预测关系。因此，研究假设3没有得到验证。

在家庭环境的调节作用方面，已有国外研究发现，父母教育水平与儿童青少年的体育活动有关。父亲具有高学历的男孩，父母双方都具有高学历的女孩，他们看电视的时间都比较少，父母教育水平较低的儿童更有可能成为低体力活动群体[215]。同时，家庭高收入也与儿童更积极的体育俱乐部活动参与有关。但是也有研究发现，在农村低收入家庭的儿童平均每周参加体育锻炼的次数要高于高收入家庭儿童，低收入的父母比高收入的父母更有可能鼓励他们的孩子利用周围的环境直接进行玩耍[216]。国内研究也发现，家庭社会经济地位对小学生的休闲体育活动参与不存在显著影响[217]。这说明，家庭环境对儿童体育活动的影响可能会因民族、地域、文化、经济的差异而有所不同。

本研究发现，在不同组别中锻炼动机和父母学历、家庭收入均不存在显著的交互作用。这说明对于中国小学生来说，家庭环境差异并不会显著影响锻炼动机对锻炼坚持的预测关系。因此，研究假设4没有得到验证。

在不同组别中，性别和家庭环境都不会对锻炼动机和锻炼坚持之间的关系产生显著的调节作用。这可能是因为目前儿童进行体育运动的主要场所在学校，而在国家大力发展学校体育的背景下，学校对儿童体育活动参与的影响要远大于性别和家庭环境的影响。这也提示在学校范围内，不管是经常参加运动的儿童，还是没有规律运动习惯的儿童，不论性别和家庭环境如何，只要努力提高他们的锻炼动机，并创造良好的运动支持环境，都有可能促进他们的锻炼坚持行为，进而实现体能和社会适应的提升。

(二)社会支持的调节效应

如表3-12所示，在将自变量锻炼动机和调节变量社会支持的各维度进行均值中心化处理后，在足球组中，锻炼动机与父母支持、教师支持和同伴支持的交互项和 $\Delta R2$ 均达显著水平（P 均小于0.001），说明调节效应显著；将三类支持合并分析后，锻炼动机与社会支持的交互项和 $\Delta R2$ 也达到显著水平（$P<0.001$），说明社会支持的调节效应显著。在普通组中，锻炼动机与父母支持的交互项和 $\Delta R2$ 未达显著水平（$P=0.063$），说明调节效应不显著；锻炼动机与教师支持、同伴支持和社会支持（P 值均 <0.05）的交互项和 $\Delta R2$ 均达显著水平，说明调节效应显著。

表3-12　社会支持的调节效应

组别	模型	coeff	se	t	P	LLCI	ULCI	ΔR2	F	P
足球组	动机 × 父母支持	0.405	0.070	5.798	0.000	0.268	0.543	0.06	33.615	0.000
	动机 × 教师支持	0.428	0.078	5.492	0.000	0.275	0.582	0.054	30.165	0.000
	动机 × 同伴支持	0.251	0.068	3.713	0.000	0.118	0.384	0.026	13.785	0.000
	动机 × 社会支持	0.473	0.082	5.771	0.000	0.312	0.634	0.059	33.308	0.000
普通组	动机 × 父母支持	0.122	0.065	1.867	0.063	-0.007	0.25	0.008	3.486	0.063
	动机 × 教师支持	0.113	0.049	2.29	0.023	0.016	0.21	0.013	5.244	0.023
	动机 × 同伴支持	0.148	0.042	3.507	0.001	0.065	0.232	0.029	12.3	0.001
	动机 × 社会支持	0.222	0.064	3.467	0.001	0.096	0.348	0.028	12.017	0.001

本研究进一步使用PROCESS中的模型7检验了社会支持对锻炼坚持在锻炼动机和社会适应之间中介效应的调节效果，Bootstrap为1000次。如表3-13所示，在足球组中，父母支持、教师支持、同伴支持和整体的社会支持，在BootLLCI与BootULCI区间中均不包含0，说明均存在显著的调节效应，即父母支持、教师支持、同伴支持及整体的社会支持显著调节了锻炼坚持在锻炼动机与社会适应间的中介效果，表现为有调节的中介模型。

表3-13　社会支持对锻炼坚持中介作用的调节效应

组别	调节变量	模型：锻炼动机（X）—锻炼坚持（M）—社会适应（Y）			
		Index	SE（Boot）	BootLLCI	BootULCI
足球组	父母支持	0.161	0.039	0.092	0.244
	教师支持	0.170	0.043	0.092	0.263
	同伴支持	0.100	0.036	0.038	0.173
	社会支持	0.188	0.048	0.105	0.290
普通组	父母支持	0.035	0.022	-0.005	0.083
	教师支持	0.032	0.017	0.001	0.068
	同伴支持	0.043	0.015	0.014	0.074
	社会支持	0.064	0.022	0.024	0.113

在社会支持的调节作用方面，已有研究表明，父母对孩子体育活动的支持、父母自己的体育活动及对体育活动身心健康促进价值的信念显著预测了儿童的 MVPA 水平[218]。父母提供的支持性环境（鼓励、榜样和后勤支持）能正向预测孩子的身体活动，更能激发和培养孩子的自主性动机[219]。除了父母支持，来自同伴的支持也会对学生的体力活动水平产生积极影响，且这一影响是以自我效能感为中介的。而共同的运动参与和运动评论分别构成了男生和女生同伴支持的主要来源[220]。另外，教师支持对于学生的体育活动参与也很重要。同女生相比，体重正常且获得较高教师支持的男生，会更多地参加体育活动[221]。

本研究也发现，在足球组中，父母支持、教师支持、同伴支持和整体的社会支持都在锻炼动机和锻炼坚持之间起到了显著的正向调节作用，并且在调节作用的系数上，社会支持（0.473）＞教师支持（0.428）＞父母支持（0.405）＞同伴支持（0.251）。这说明随着社会支持水平的提高，足球组儿童锻炼动机对锻炼行为的影响也会增强，其中教师支持的影响最大。在普通组中，除父母支持外，教师支持、同伴支持和整体的社会支持也起到了显著的正向调节作用，并且在调节作用的系数上，社会支持（0.222）＞同伴支持（0.148）＞教师支持（0.113）。这说明随着社会支持水平的提高，普通组儿童锻炼动机对锻炼行为的影响也会增强，其中同伴支持的影响最大。综上所述，研究假设5得到了验证。

同时，本研究还发现，在足球组中，父母支持、教师支持、同伴支持和整体的社会支持都对锻炼坚持在锻炼动机和社会适应之间的中介作用产生了显著的调节效果。在调节效应系数上，社会支持（0.188）＞教师支持（0.170）＞父母支持（0.161）＞同伴支持（0.100）。这说明随着社会支持水平的提高，足球组儿童的锻炼动机能通过锻炼坚持预测社会适应，其中教师支持的影响最大。在普通组中，除父母支持外，教师支持、同伴支持和整体的社会支持也都显著调节了锻炼坚持的中介作用。在调节效应系数上，社会支持（0.064）＞同伴支持（0.043）＞教师支持（0.032）。这说明随着社会支持水平的提高，普通组儿童的锻炼动机也会通过锻炼坚持预测社会适应，其中同伴支持的影响最大。综上所述，研究假设6得到了验证。

总的来说，在不同组别中，性别和家庭环境都不会显著影响锻炼动机与锻炼坚持之间的关系。而更高的社会支持则能提升锻炼动机对锻炼坚持的预测效力，并通过增强锻炼坚持的中介作用更好地预测社会适应，表现为有调节的中介模型，并且在足球组中这一调节效应更强。对于喜欢运动的儿童来说，提高社会支持水平能更多地促进他们参与体育锻炼，进而获得更多的社会适应发展效益。

第四节　锻炼坚持影响社会适应的作用路径

如前文所述，在锻炼动机—锻炼坚持—社会适应的结构方程模型中，足球组儿童有着更高的总效应和中介效应。那么哪些因素影响了锻炼坚持和社会适应之间的关系？本研究继续对自尊、认知重评和体能在锻炼坚持与社会适应之间的中介作用进行分析。

一、研究构面间的相关与回归分析

如表3-14所示，在足球组中，锻炼坚持同自尊、认知重评、各体能指标和社会适应之间，认知重评同自尊与社会适应之间，各体能指标同自尊与社会适应之间，以及自尊同社会适应之间均存在显著的相关性（P 均小于0.01）。在普通组中，各指标间的相关显著性情况同足球组相似，但在相关密切程度上要低于足球组。

表3-14　不同组别各研究变量间的相关性

组别	变量	1	2	3	4	5	6	7
足球组	1.锻炼坚持	1						
	2.自尊	0.510**	1					
	3.认知重评	0.482**	0.593**	1				
	4.社会适应	0.590**	0.698**	0.647**	1			
	5.50米跑	-0.533**	-0.472**	-0.418**	-0.543**	1		

续表

组别	变量	1	2	3	4	5	6	7
	6. 仰卧起坐	0.466**	0.394**	0.308**	0.446**	-0.356**	1	
	7. 跳绳	0.545**	0.420**	0.313**	0.491**	-0.376**	0.483**	1
普通组	1. 锻炼坚持	1						
	2. 自尊	0.449**	1					
	3. 认知重评	0.400**	0.510**	1				
	4. 社会适应	0.523**	0.645**	0.565**	1			
	5.50 米跑	-0.418**	-0.362**	-0.309**	-0.432**	1		
	6. 仰卧起坐	0.322**	0.270**	0.243**	0.335**	-0.401**	1	
	7. 跳绳	0.484**	0.391**	0.314**	0.480**	-0.429**	0.373**	1

注: ** 表示 $P<0.01$。

同时，在各研究变量间的预测关系上，在不同组别中，自尊均能显著正向预测社会适应。在对学习适应、家庭适应和人际适应的预测能力上，足球组分别为48.1% ($R^2=0.481$，$P<0.01$)、27.7%($R^2=0.277$，$P<0.01$)和28.9%($R^2=0.289$，$P<0.01$)，且在预测能力上自我胜任均大于自我悦纳。这一预测能力，分别高于普通组的44.3% ($R^2=0.443$，$P<0.01$)、19.4%($R^2=0.294$，$P<0.01$)和24.6%($R^2=0.246$，$P<0.01$)。这一预测能力上的差异，可能与不同组别儿童自尊发展水平不同有关。在足球组中，儿童对自己运动技能的肯定带来了更多的自我价值感和胜任感，从而表现出更高的整体自尊水平，进而使社会适应也得到更好的发展。

认知重评均显著正向预测社会适应。在对学习适应、家庭适应和人际适应的预测能力上，足球组分别为40.1%($R^2=0.401$，$P<0.01$)、19.1%($R^2=0.191$，$P<0.01$)和28.4%($R^2=0.284$，$P<0.01$)，均高于普通组的31.1%($R^2=0.311$，$P<0.01$)、14.9%($R^2=0.149$，$P<0.01$)和21.9%($R^2=0.219$，$P<0.01$)。这一预测能力上的差异，可能与不同组别儿童的认知重评水平不同有关。在足球运动中，儿童会更多地使用认知重评策略，能以更积极的状态面对生活和学习中的压力，进而使社会适应也得到更好的发展。

体能均能显著正向预测社会适应。在对学习适应、家庭适应和人际适应的预测能力上，足球组分别为41.0% ($R^2=0.410$，$P<0.01$)、24.3%($R^2=0.243$，$P<0.01$)和22.8%($R^2=0.228$，$P<0.01$)，基本都高于普通组的27.6%($R^2=0.276$，$P<0.01$)、15.7%($R^2=0.157$，$P<0.01$)和22.0%($R^2=0.220$，$P<0.01$)。这一预测能力上的差异，可能与不同组别儿童体能水平不同有关。足球组儿童的体能水平更高，从而获得了更多的身体健康和认知水平提升效益，使社会适应也得到更好的发展。

锻炼坚持均能够显著正向预测自尊。在对自我悦纳和自我胜任的预测能力上，足球组分别为19.9%（$R^2=0.199$，$P<0.01$）和24.2%（$R^2=0.242$，$P<0.01$），高于普通组的16.5%（$R^2=0.165$，$P<0.01$）和18.1%（$R^2=0.181$，$P<0.01$）。这一预测能力上的差异，可能与不同组别儿童在锻炼坚持水平上的差异有关。在足球组中，儿童的锻炼坚持水平更高，产生的身体锻炼效果更大，能够更好地提升身体自尊，进而使整体自尊也得到更好的发展。

锻炼坚持均能显著正向预测认知重评。足球组的预测能力为23.0%（$R^2=0.230$，$P<0.01$），高于普通组的15.8%（$R^2=0.158$，$P<0.01$）。这一预测能力上的差异，可能与足球组儿童在足球运动过程中形成了更好的情绪调节能力及执行功能有关。

锻炼坚持均能显著地正向预测体能水平。在对冲刺能力、核心力量和协调与耐力的预测能力上，足球组分别为28.2%（$R^2=0.282$，$P<0.01$）、21.5%（$R^2=0.215$，$P<0.01$）和29.5%（$R^2=0.295$，$P<0.01$），均高于普通组的17.2%（$R^2=0.172$，$P<0.01$）、10.1%（$R^2=0.101$，$P<0.01$）和23.2%（$R^2=0.232$，$P<0.01$）。这一预测能力上的差异，可能与足球组儿童锻炼坚持性更好有关。频率更高、时间更长、强度更大的规律性足球训练能使儿童的速度、力量、协调、耐力等体能得到更全面和同步的发展。

最后，体能能显著预测自我悦纳（$R^2=0.227$，$P<0.01$）和自我胜任（$R^2=0.306$，$P<0.01$）。其中，50米跑、仰卧起坐、跳绳的预测效果均显著，且在预测能力上，50米跑＞跳绳＞仰卧起坐。同时，认知重评也能显著预测自我悦纳（$R^2=0.274$，$P<0.01$）和自我胜任（$R^2=0.322$，$P<0.01$）。在普通组中，体能预测自尊和认知重评预测自尊的显著性情况同足球组相似，但是在预测能力上均低于足球组，且只有50米跑和跳绳能显著预测自尊，预测能力跳绳＞50米跑。

总的来说，在锻炼坚持对自尊、认知重评和体能的预测作用，以及自尊、认知重评和体能对社会适应的预测作用上，足球组都要高于普通组。

二、测量模型的构建与质量检验

根据研究假设，本节研究构建了锻炼坚持、认知重评、自尊、社会适应和体能五个测量模型。由于单个测量模型至少需包含三个观察变量，因此将自尊模型中的自我悦纳和自我胜任维度分开进行质量检验。在尽量保持各测量模型完整的情况下，删除因素负荷量明显低于0.6的题目。最终，在原先纳入分析题目的基础上，自我悦纳中的第4题被删除。删除相应题目后，各构面的组成信度和收敛效度如表3-15所示。除体能测量模型的CR值和AVE值未达标准外，其余测量模型均具有较好的组成信度与收敛效度，说明50米跑、仰卧起坐和跳绳并不适合组成一个构面。故

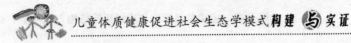

而，在后续分析中将其分别作为观察变量纳入结构方程模型分析。

表3-15 研究构面的信效度检验

构面	题目	参数显著性估计				题目信度		组成信度	收敛效度
		Unstd	S. E.	z-value	P	Std	SMC	CR	AVE
锻炼坚持	坚持1	1.000				0.737	0.543	0.856	0.666
	坚持3	1.277	0.066	19.279	***	0.846	0.716		
	坚持4	1.228	0.064	19.320	***	0.860	0.740		
认知重评	重评2	1.000				0.731	0.534	0.856	0.545
	重评3	0.947	0.055	17.189	***	0.741	0.549		
	重评4	0.807	0.056	14.443	***	0.620	0.384		
	重评5	0.984	0.055	17.737	***	0.766	0.587		
	重评6	1.051	0.056	18.743	***	0.818	0.669		
自我悦纳	悦纳1	1.000				0.648	0.420	0.799	0.573
	悦纳2	1.051	0.072	14.583	***	0.774	0.599		
	悦纳3	1.172	0.082	14.360	***	0.836	0.699		
自我胜任	胜任1	1.000				0.695	0.483	0.800	0.502
	胜任2	0.896	0.065	13.855	***	0.657	0.432		
	胜任3	1.042	0.067	15.582	***	0.818	0.669		
	胜任4	0.846	0.062	13.743	***	0.651	0.424		
社会适应	学习适应	1.000				0.873	0.762	0.833	0.626
	家庭适应	0.917	0.055	16.652	***	0.681	0.464		
	人际适应	1.044	0.056	18.510	***	0.808	0.653		
体能	50米跑	1.000				0.713	0.508	0.188	0.464
	仰卧起坐	-1.015	0.093	-10.953	***	-0.724	0.524		
	跳绳	-0.841	0.077	-10.921	***	-0.600	0.360		

注：体能构面中各观察变量为均值中心化处理后的值；*** 表示 $P<0.001$。

三、结构方程模型的构建

根据研究假设7、假设11，在AMOS24.0中分别构建不同组别锻炼坚持、认知重评、体能、自尊和社会适应之间的链式结构方程模型。由于50米跑、跳绳和仰卧起坐成绩不满足合并成一个构面的标准，故而将其均值中心化处理后作为观察变量分别构建结构方程模型。

如图3-3至图3-8所示，在模型3至模型6中，各条路径均达到显著水平（P均

<0.05）。在模型 7 和模型 8 中，除了模型 7 中仰卧起坐和社会适应之间的路径系数（$P=0.051$）以及模型 8 中仰卧起坐和自尊之间的路径系数（$P=0.163$）未达显著水平外，其余各条路径均达到显著水平（P 均 <0.05）。

同时，如表 3-15 所示，所有 6 个模型的拟合性检验指标均达到标准，说明模型具有良好的适配度。

足球组

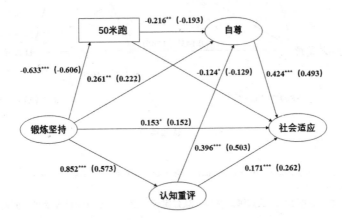

注：* 表示 $P<0.05$，** 表示 $P<0.01$，*** 表示 $P<0.001$；括号外数字为非标准化路径系数，括号内数字为标准化路径系数；为了简洁，未呈现各观察变量。

图 3-3 模型 3：足球组锻炼坚持、认知重评、50 米跑、自尊和社会适应之间的 SEM

普通组

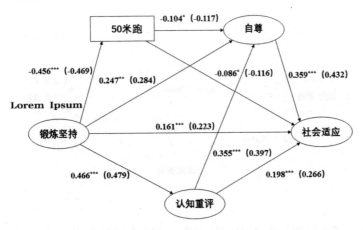

注：* 表示 $P<0.05$，** 表示 $P<0.01$，*** 表示 $P<0.001$；括号外数字为非标准化路径系数，括号内数字为标准化路径系数；为了简洁，未呈现各观察变量。

图 3-4 模型 4：普通组锻炼坚持、认知重评、50 米跑、自尊和社会适应之间的 SEM

足球组

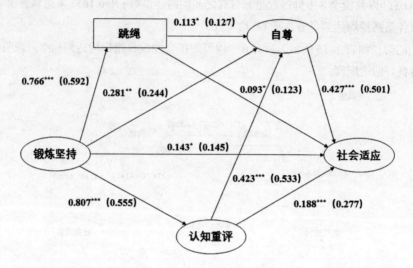

注: * 表示 *P*<0.05，** 表示 *P*<0.01，*** 表示 *P*<0.001；括号外数字为非标准化路径系数，括号内数字为标准化路径系数；为了简洁，未呈现各观察变量。

图3-5　模型5: 足球组锻炼坚持、认知重评、跳绳、自尊和社会适应之间的 SEM

普通组

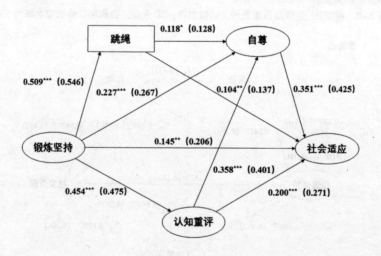

注: * 表示 *P*<0.05，** 表示 *P*<0.01，*** 表示 *P*<0.001；括号外数字为非标准化路径系数，括号内数字为标准化路径系数；为了简洁，未呈现各观察变量。

图3-6　模型6: 普通组锻炼坚持、认知重评、跳绳、自尊和社会适应之间的 SEM

足球组

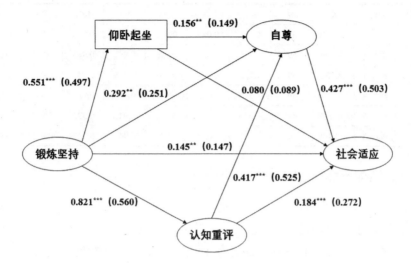

注：* 表示 P<0.05，** 表示 P<0.01，*** 表示 P<0.001；括号外数字为非标准化路径系数、括号内数字为标准化路径系数；为了简洁，未呈现各观察变量。

图 3-7　模型 7：足球组锻炼坚持、认知重评、仰卧起坐、自尊和社会适应之间的 SEM

普通组

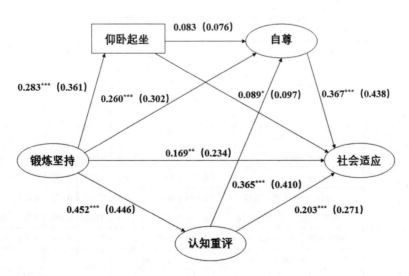

注：* 表示 P<0.05，** 表示 P<0.01，*** 表示 P<0.001；括号外数字为非标准化路径系数，括号内数字为标准化路径系数；为了简洁，未呈现各观察变量。

图 3-8　模型 8：普通组锻炼坚持、认知重评、仰卧起坐、自尊和社会适应之间的 SEM

表3-16　结构方程模型适配度检验

组别	模型	X^2	df	$X^{2/df}$	RMSEA	GFI	NFI	RFI	IFI	CFI
足球组	模型3	108.709	69	1.575	0.043	0.952	0.953	0.938	0.982	0.982
	模型5	98.995	69	1.435	0.037	0.956	0.957	0.943	0.987	0.986
足球组	模型7	98.568	69	1.429	0.037	0.957	0.956	0.942	0.986	0.986
	模型4	134.259	69	1.946	0.055	0.943	0.940	0.921	0.970	0.970
普通组	模型6	133.868	69	1.940	0.055	0.943	0.941	0.922	0.971	0.970
	模型8	130.448	69	1.891	0.053	0.945	0.941	0.922	0.971	0.971

四、结构方程模型的中介效应分析

如表3-17至表3-18所示，按照与前文相同的中介效应检验方法，当分别以50米跑和跳绳标准化成绩为观察变量建立中介模型时，在不同组别中，自尊、认知重评、体能分别在锻炼坚持和社会适应之间起到了中介作用；在中介效应量上，足球组＞普通组；认知重评和自尊、体能和自尊的链式中介均显著，且中介效应量前者＞后者。

而当以仰卧起坐标准化成绩建立中介模型时，在足球组中，除符合上述规律外，认知重评的中介效应量要显著大于体能；在普通组中，认知重评和自尊的中介效应量要显著大于体能，同时，体能和自尊的链式中介不显著。

表3-17　模型3和模型4的中介效应检验

组别	模型		点估计值 SE	系数乘积 bias-corrected		Bootstrap 1000 times 95% CI			
						percentile			
				Z-Value	Lower	Upper	Lower	Upper	
足球组	模型3	间接效应							
		坚持→重评→适应	0.151	0.053	2.849	0.063	0.274	0.056	0.261
		坚持→自尊→适应	0.110	0.046	2.391	0.028	0.209	0.028	0.209
		坚持→50米跑→适应	0.079	0.032	2.469	0.017	0.146	0.011	0.144
		坚持→重评→自尊→适应	0.143	0.041	3.488	0.083	0.254	0.077	0.240
		坚持→50米跑→自尊→适应	0.058	0.023	2.522	0.024	0.116	0.021	0.110
		直接效应							
		坚持→适应	0.153	0.074	2.068	0.011	0.308	0.010	0.306
		总效应							
		坚持→适应	0.695	0.082	8.476	0.551	0.880	0.545	0.870

续表

组别	模型		点估计值 SE	系数乘积 bias-corrected		Bootstrap 1000 times 95% Cl			
						percentile			
				Z-Value	Lower	Upper	Lower	Upper	
足球组	模型3	间接效应对比							
		Diff 1-2	0.041	0.073	0.562	-0.086	0.202	-0.106	0.185
		Diff 1-3	0.072	0.057	1.263	-0.025	0.194	-0.030	0.187
		Diff 2-3	0.032	0.057	0.561	-0.081	0.152	-0.076	0.154
		Diff 4-5	0.085	0.040	2.125	0.018	0.194	0.014	0.176
普通组	模型4	间接效应							
		坚持→重评→适应	0.092	0.029	3.172	0.050	0.167	0.043	0.154
		坚持→自尊→适应	0.089	0.029	3.069	0.043	0.160	0.039	0.154
		坚持→50米跑→适应	0.039	0.018	2.167	0.006	0.076	0.004	0.075
		坚持→重评→自尊→适应	0.059	0.019	3.105	0.031	0.106	0.029	0.103
		坚持→50米跑→自尊→适应	0.017	0.009	1.889	0.002	0.039	0.000	0.036
		直接效应							
		坚持→适应	0.161	0.044	3.659	0.081	0.254	0.079	0.253
		总效应							
		坚持→适应	0.458	0.047	9.745	0.373	0.559	0.367	0.552
		间接效应对比							
		Diff 1-2	0.003	0.044	0.068	-0.081	0.090	-0.083	0.087
		Diff 1-3	0.053	0.037	1.432	-0.006	0.138	-0.013	0.133
		Diff 2-3	0.049	0.034	1.441	-0.008	0.126	-0.009	0.123
		Diff 4-5	0.042	0.022	1.909	0.010	0.097	0.008	0.093

表3-18　模型5和模型6的中介效应检验

组别	模型		点估计值 SE	系数乘积 bias-corrected		Bootstrap 1000 times 95% Cl			
						percentile			
				Z-Value	Lower	Upper	Lower	Upper	
足球组	模型5	间接效应							
		坚持→重评→适应	0.151	0.051	2.961	0.069	0.270	0.060	0.263
		坚持→自尊→适应	0.120	0.050	2.400	0.023	0.217	0.029	0.221
		坚持→跳绳→适应	0.072	0.029	2.483	0.019	0.134	0.011	0.131

续表

组别	模型	点估计值 SE	系数乘积 bias-corrected		Bootstrap 1000 times 95% CI			
					percentile			
			Z-Value	Lower	Upper	Lower	Upper	
足球组	模型5	坚持→重评→自尊→适应	0.146	0.040	3.650	0.088	0.250	0.081	0.238
		坚持→跳绳→自尊→适应	0.037	0.021	1.762	0.003	0.089	0.000	0.084
		直接效应							
		坚持→适应	0.143	0.067	2.134	0.013	0.278	0.013	0.278
		总效应							
		坚持→适应	0.668	0.082	8.146	0.526	0.851	0.519	0.838
		间接效应对比							
		Diff 1-2	0.031	0.075	0.413	-0.097	0.198	-0.116	0.180
		Diff 1-3	0.080	0.057	1.404	-0.023	0.203	-0.025	0.201
		Diff 2-3	0.048	0.059	0.814	-0.078	0.156	-0.069	0.172
		Diff 4-5	0.109	0.037	2.946	0.049	0.200	0.045	0.194
普通组	模型6	间接效应							
		坚持→重评→适应	0.091	0.027	3.370	0.049	0.159	0.045	0.146
		坚持→自尊→适应	0.080	0.025	3.200	0.041	0.145	0.036	0.135
		坚持→跳绳→适应	0.053	0.020	2.650	0.018	0.096	0.016	0.095
		坚持→重评→自尊→适应	0.057	0.018	3.167	0.030	0.105	0.028	0.099
		坚持→跳绳→自尊→适应	0.021	0.011	1.909	0.003	0.047	0.003	0.046
		直接效应							
		坚持→适应	0.145	0.046	3.152	0.056	0.240	0.058	0.241
		总效应							
		坚持→适应	0.447	0.045	9.933	0.365	0.540	0.362	0.533
		间接效应对比							
		Diff 1-2	0.011	0.040	0.275	-0.065	0.087	-0.064	0.088
		Diff 1-3	0.038	0.032	1.188	-0.016	0.107	-0.019	0.099
		Diff 2-3	0.027	0.032	0.844	-0.032	0.094	-0.033	0.091
		Diff 4-5	0.036	0.020	1.800	0.004	0.087	0.001	0.080

表 3-19　模型 7 和模型 8 的中介效应检验

组别	模型	模型	点估计值 SE	系数乘积 bias-corrected		Bootstrap 1000 times 95% CI			
				Z-Value	Lower	percentile			
						Upper	Lower	Upper	
足球组	模型 7	间接效应							
		1. 坚持→重评→适应	0.151	0.052	2.904	0.065	0.274	0.057	0.266
		2. 坚持→自尊→适应	0.125	0.048	2.604	0.035	0.223	0.038	0.228
		3. 坚持→起坐→适应	0.044	0.020	2.200	0.008	0.085	0.007	0.083
		4. 坚持→重评→自尊→适应	0.147	0.040	3.675	0.088	0.255	0.081	0.242
		5. 坚持→起坐→自尊→适应	0.037	0.017	2.176	0.011	0.082	0.007	0.071
		直接效应							
		坚持→适应	0.174	0.069	2.522	0.044	0.329	0.039	0.320
		总效应							
		坚持→适应	0.677	0.082	8.256	0.535	0.863	0.529	0.846
		间接效应对比							
		Diff 1-2	0.026	0.076	0.342	-0.104	0.206	-0.134	0.177
		Diff 1-3	0.107	0.052	2.058	0.024	0.231	0.019	0.219
		Diff 2-3	0.081	0.054	1.500	-0.021	0.190	-0.015	0.198
		Diff 4-5	0.110	0.037	2.973	0.050	0.202	0.047	0.195
普通组	模型 8	间接效应							
		1. 坚持→重评→适应	0.092	0.027	3.407	0.049	0.162	0.046	0.151
		2. 坚持→自尊→适应	0.095	0.029	3.276	0.052	0.170	0.047	0.164
		3. 坚持→起坐→适应	0.025	0.012	2.083	0.004	0.052	0.003	0.051
		4. 坚持→重评→自尊→适应	0.061	0.019	3.211	0.033	0.110	0.031	0.104
		5. 坚持→起坐→自尊→适应	0.009	0.006	1.500	-0.001	0.022	-0.002	0.021
		直接效应							
		坚持→适应	0.169	0.044	3.841	0.083	0.257	0.082	0.255
		总效应							
普通组	模型 8	坚持→适应	0.451	0.046	9.804	0.366	0.545	0.365	0.542
		间接效应对比							
		Diff 1-2	-0.004	0.043	-0.093	-0.087	0.086	-0.089	0.081
		Diff 1-3	0.066	0.030	2.200	0.015	0.134	0.012	0.128
		Diff 2-3	0.070	0.031	2.258	0.016	0.141	0.015	0.139
		Diff 4-5	0.052	0.020	2.600	0.023	0.106	0.020	0.100

结合前期研究理论基础，对由统计分析发现的自尊、认知重评、体能的中介作用做如下解释：

（一）自尊的中介作用

自尊反映了个体对自我能力的欣赏程度，同儿童建立相信自己勤奋感的发展任务有着密切联系，因此也被认为是影响儿童社会适应发展的重要因素。近年来的研究表明，自尊与学校适应之间呈正相关，能作为独立因素正向预测社会适应[222]。自尊中介了社交焦虑与学业成就间的关系，自尊的提升能够预防社交焦虑的发生并降低患抑郁的风险[223]。

自尊作为心理健康的重要组成元素，被认为可以通过体育运动得到有效改善。近年来的研究表明，体育运动能够通过影响儿童的身体自尊，进而对整体自尊产生影响。每周 3 次，持续 4 周的综合性运动干预能够有效改善肥胖儿童的体能、BMI 和自尊水平[224]。儿童整体自尊的改善同对运动能力的感知和 MVPA 相关，这一趋势在女孩中尤其明显[225]。

通过构建结构方程模型并进行中介效应检验，本研究发现，在模型 3 至模型 8 中，自尊在不同组别的锻炼坚持和社会适应之间均起着显著的部分中介作用。其中介效应比在足球组中依次为 15.8%、18.0% 和 18.5%，在普通组中依次为 19.4%、17.9% 和 21.1%。因此，研究假设 7 得到了验证。

（二）认知重评的中介作用

当采用认知重评策略时，人们会通过改变自己过去的认知而对事件形成新的理解，从更加积极的角度去看待事件。因此，与表达抑制相比，认知重评被认为是更有效的情绪调节方式。近年来，认知重评策略的使用能有效降低社交焦虑，而过高的社交焦虑则会对认知重评产生负面影响[226]。作为调节负面情绪的独特策略，认知重评策略使用越少，社会适应不良越严重。

规律性的体育运动不仅能提高人的生理机能，还具有改善心境、调节情绪的功能，这些积极的情绪体验又会进一步促进锻炼坚持。特别是在对积极情绪调节更有效的认知重评方面，近年来的研究发现，规律性体育活动与认知重评成功率的提高相关[227]，而这一关系可能与执行功能的改善有关。研究表明，有氧运动能对执行功能起到良好的促进作用，而更好的执行功能则与更多的认知重评策略使用相关联，依赖认知重评的儿童可能拥有更多的认知资源，以帮助他们在日常生活中保持专注和良好的自我控制[228]。

通过构建结构方程模型并进行中介效应检验，本研究发现，在模型 3 至模型

8 中，认知重评在不同组别的锻炼坚持和社会适应之间均起着显著的部分中介作用。其中介效应比在足球组中依次为 21.7%、22.6% 和 22.3%，在普通组中依次为 20.1%、20.4% 和 20.4%。因此，研究假设 8 得到了验证。

(三) 认知重评与自尊的链式中介作用

自尊源于对自我价值和自我能力的肯定，而认知重评策略的使用能让人更加积极乐观地面对事物。有研究表明，认知重评既能直接正向影响儿童的主观幸福感，又能通过自尊的中介作用间接正向影响儿童主观幸福感。使用认知重评频率高的个体，能对生活中的消极事件更多地采用积极态度，有利于促进自尊的发展[229]。也有研究发现，自尊中介了情绪调节策略和抑郁之间的关系，积极的认知重评策略能正向影响自尊，进而降低抑郁水平[230]。因此，认知重评对社会适应的影响有可能是以自尊为中介的。

本研究通过结构方程模型分析确实也发现，在模型 3 至模型 8 中，认知重评和自尊在不同组别的锻炼坚持和社会适应之间均起着显著的链式中介作用。其链式中介效应比在足球组中依次为 20.6%、21.9% 和 21.7%，在普通组中依次为 12.9%、12.8% 和 13.5%。因此，研究假设 9 得到了验证。

(四) 体能的中介作用

具备较高运动水平和体能水平的个体在面对压力时会表现出较少的健康问题，能更适应紧张的现代生活。近年来的研究发现，体能水平有益于认知功能的发展，并与学业成就有着积极联系，对于小学 4 年级儿童来说，有氧能力能显著促进阅读、写作、数学和科学成绩，提升学习适应能力[231]。当面对心理社会压力时，体能水平高的人会分泌较少的皮质醇，从而降低压力应激反应，保持较好的身心健康状态[232]。

同时，积极的体育活动参与对体能的促进作用已经得到公认。通过构建结构方程模型并进行中介效应检验，本研究发现，在模型 3 至模型 8 中，体能在不同组别的锻炼坚持和社会适应之间均起着显著的部分中介作用。其中介效应比在足球组中依次为 11.4%、10.8% 和 6.5%，在普通组中依次为 8.5%、11.9% 和 5.5%。因此，研究假设 10 得到了验证。

(五) 体能与自尊的链式中介作用

身体自尊是整体自尊的重要组成部分，而人体运动能力的提升能有效提高身体自我效能感、改善身体自尊，进而提升整体自尊。研究表明，体育运动的参与和自尊的发展在时间上是相关联的，并且对运动能力的自我感知在这一关系中具有重要的中介作用，不论是从技能发展还是自我提升的角度[233]。也有研究发现，自然环境下的体育运动能更有效地提升积极情绪和认知水平，从而改善自尊水平[234]。因此，体能对社会适应的影响也有可能是以自尊为中介的。

本研究通过结构方程模型分析也发现，在模型 3 和模型 4 中，50 米跑成绩和自尊在足球组的锻炼坚持和社会适应之间起着显著的链式中介作用，链式中介效应比为 8.3%。在普通组中，这一链式中介显著性较弱，链式中介效应比为 3.7%。在模型 5 和模型 6 中，跳绳成绩和自尊在不同组别中均起着显著性较弱的链式中介作用，链式中介效应比分别为 5.5% 和 4.7%。在模型 7 和模型 8 中，仰卧起坐成绩和自尊在足球组中起着显著的链式中介作用，链式中介效应比为 5.5%。在普通组中，这一链式中介不显著。因此，研究假设 11 部分得到了验证。

另外，本研究还对不同模型中，自尊、认知重评和体能的中介效应差异进行了检验。结果显示，当分别以 50 米跑和跳绳成绩建立中介模型时，在不同组别中，自尊、认知重评和体能在锻炼坚持和社会适应之间的中介效应不存在显著差异，但在中介效应量上认知重评 > 自尊 > 体能。而当以仰卧起坐成绩建立中介模型时，在足球组中，认知重评的中介效应要显著高于体能。在普通组中，认知重评和自尊的中介效应都要显著高于体能。这提示快速冲刺能力和耐力与协调要比核心力量更大程度地中介了锻炼坚持与社会适应间的关系。在两条链式中介效应的差异上，在不同组别的各个模型中，认知重评和自尊的链式中介效应都要显著高于体能和自尊。这提示锻炼坚持对社会适应的影响更多的是通过影响认知重评，进而影响自尊这一路径实现的。

总的来说，在不同组别中，自尊、认知重评和体能都显著中介了锻炼坚持和社会适应之间的关系，体能与自尊、认知重评与自尊之间还存在链式中介效应。但是在各个模型的总效应上，足球组都要高于普通组。这说明对于经常参加足球运动的儿童来说，锻炼坚持更多的是通过认知重评、体能、自尊各自及相互之间的作用路径预测社会适应。

第五节　本章小结

本章研究的主要结论如下。

经常参加足球运动的儿童比普通儿童具备更好的锻炼坚持、体能和社会适应水平。这与热爱足球运动的儿童所具备的高锻炼动机、社会支持、自尊及认知重评水平有关。同时，足球运动的益处在男生群体中更加明显。

经常参加足球运动的儿童，锻炼动机更多的是通过运动坚持预测社会适应。这一预测能力受到社会支持水平的正向调节。

经常参加足球运动的儿童，锻炼坚持既能通过自尊、认知重评和体能分别预测社会适应，还能通过认知重评和自尊及体能和自尊的链式中介作用预测社会适应。

本章研究的主要启示如下。

本章节研究结果提示，儿童的运动坚持水平同锻炼动机和参与运动的社会支持环境相关，因此在体质健康促进工作的开展过程中应关注儿童锻炼动机的培养和运动支持环境的营造。

另外，儿童的运动坚持水平不仅与体能、认知重评、自尊和社会适应直接相关，还会通过体能、认知重评和自尊间接预测社会适应，因此在体质健康促进过程中除了要直接关注儿童体能与社会适应的培养外，还要额外关注锻炼坚持、认知重评和自尊的提升，以实现体质健康促进效益的最大化。这为本书下一章节研究体质健康促进社会生态学模式的设计提供了依据。

然而，以上结论的得出是基于对横断面数据的分析，更多的是反映变量间的相关性，并不能十分严谨地反映因果性。究竟是体育运动促进了体能、认知重评、自尊和社会适应的发展，还是体能、认知重评、自尊和社会适应好的儿童更喜欢体育运动，这一因果关系的证明还需要进一步以实验研究的方法探讨各变量在时间上的纵向变化特征与关系。这也是本书后续章节的研究重点。

第四章　儿童体质健康促进社会生态学模式构建

有效的体质健康促进模式既要让儿童积极参与体育运动，养成坚持运动的良好习惯，又要通过有针对性的运动干预策略增强儿童的运动能力、培养学生健全人格，从而实现体能和社会适应的全面发展。前一章的研究已经发现，要想通过体育运动促进儿童的锻炼坚持，锻炼动机和社会支持的提升十分重要，而要想进一步通过体育运动提升体能与社会适应，锻炼坚持、认知重评、自尊等因素也必须得到重视。

因此，本章研究将从上述影响儿童运动参与和体育运动体能、社会适应促进效益发挥的重要因素入手，结合社会生态学理论，设计系统性的体质健康促进模式。

第一节　体质健康促进影响因素的社会生态学分析

体质健康促进是一项系统工程，单纯针对学生、教师、家长等人群个体层面的干预效果往往并不理想。因此，本节内容基于社会生态学的理论框架，从微系统、中间系统、外层系统和宏系统的四个维度入手，对影响体质健康促进的重要因素进行系统梳理。

一、微系统影响因素分析

体质健康促进工作的开展，最主要的实践载体就是学校体育活动，主要包括体育教学、课余训练、课余竞赛和体育文化活动等。这4项活动都是以校长为引领，以体育教师和教练为主导，以父母和同伴为支持，以学生为主体的运动实践活动，共同构成了体质健康促进的微系统。其中，校长对学校体育政策的重视程度以及对政策实施工作的科学部署直接影响到体质健康促进工作的政策执行效果[235]；体育教师和教练的教学策略是发挥体育运动体质健康促进价值的重要保障；父母对儿童体育运动参与的支持和以身作则的良好体育行为能够促进儿童锻炼习惯和体育品德的养成；而同伴遵从作为儿童社会性发展的重要外力，对儿童亲社会行为的形成也有着重要的榜样作用。

二、中间系统影响因素分析

作为立德树人的主阵地，学校层面体质健康促进工作的开展，需要与学生体育和教育紧密相关的各类群体、部门的共同协作。这些群体、部门间的统筹联动机制共同构成了体质健康促进的中间系统。其中，家校合作是提升体质健康促进效能的外部保障，良好的家校互动对儿童的体质健康发展具有积极的促进作用；学科统筹是提升体质健康促进效能的价值遵循，在教育改革更加关注学生核心素养发展的背景下，统筹体育、艺术、语文等不同学科的育人优势，以整体化的培养方式促进学生身心健康全面发展，就显得尤为重要 [236]；多级联动是提升体质健康促进效能的必要途径，学校各级管理和体育教学部门的共同配合决定了体育课程和课外体育活动的开展效果。

三、外层系统影响因素分析

学校体育体质健康促进功能的实现需要在学校层面为体育教师、教练提供能够充分调动工作动机、提升工作能力、规范工作过程的制度保障环境，它们共同构成了体质健康促进的外层系统。

工作动机是教师、教练践行体质健康促进理念的动力源，具有较高自我决定动机水平的教师会以更加饱满的热情和积极的态度投入到教育工作之中；工作能力是教师、教练践行体质健康促进理念的加速器，体育教师与教练不仅要具备运动技能教学的"育体"能力，还要具备在教学过程中渗透体育品格教育的"育德"能力；工作规范是教师、教练践行体质健康促进理念的指挥棒，在教学、训练、比赛过程中，教师、教练的言传身教不仅发挥着理论的"教化"作用，而且发挥着行为的"感化"作用 [237]。

四、宏系统影响因素分析

作为学校体育工作的重要任务之一，促进儿童青少年体质健康发展这一任务的落实程度，同我国学校体育发展的规律一致，在很大程度上受到社会对儿童青少年体质健康重要意义的认知，以及国家对促进儿童青少年体质健康相关政策力度的影响，它们共同构成了体质健康促进的宏系统环境。其中，价值认知决定了体质健康促进工作的开展方向。如果全社会都能认识到促进儿童青少年体质健康在我国人力资源强国建设中的基础性作用，那么势必会营造全社会支持学校体育工作，重视儿童青少年体质健康的良好氛围。政策引领决定了体质健康促进工作的开展速度。今年以来，《关于深化体教融合促进青少年健康发展的意见》《关于全面加强和改进新时代学校体育工作的意见》《中国儿童青少年体育健康促进行动方案（2020—2030）》等一系列政策文件的密集发布，对于我国儿童青少年体质健康促进工作的深入推进起到了重要的助推作用。

综上所述，根据社会生态学理论，要切实贯彻落实促进儿童青少年体质健康的国家战略，应从微系统的实践支持，中间系统的统筹联动，外层系统的制度保障，宏系统的理念、政策引领等多个层面入手，构建系统的体质健康促进工作体系（图4-1）。

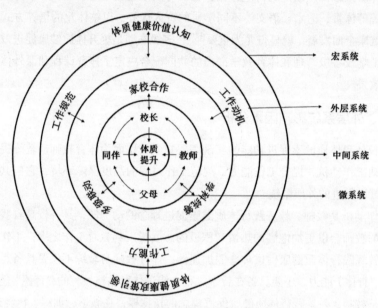

图4-1　体质健康促进影响因素的社会生态学模型

第二节　当前学校体质健康促进的制约因素

为了更有针对性地设计体质健康促进社会生态学模式，本节研究结合体质健康促进影响因素的社会生态学模型，通过问卷调查与访谈相结合的形式，对部分山东省中小学进行了调研，汇总分析了当前学校体质健康促进工作开展的制约因素（图4-2）。

一、实践支持有待提高

校长思想观念仍需转变，体质健康重要价值认识不足。受"升学率"至上思想的影响，许多中小学校长仍存在"重智轻体"的片面认识，对校园体育活动在促进学生核心素养发展上的重要意义认识不足，存在"重体测成绩上报、轻锻炼习惯培养，重运动队建设、轻群体活动开展"等思想观念误区，造成校园体育活动的"面子工程、锦标主义、形式主义"，缺乏对校园体育活动长期、广泛、系统性开展的支持力度。

师资队伍综合能力存在短板，育体育德难以兼顾。专业师资的缺乏已经成为限制当前学校体育工作开展的重要因素。校内外相结合的师资配备办法虽然能够在一定程度上缓解师资压力，但问题同样突出，主要表现在：科班出身的体育教师虽然对学生身心健康的成长规律有较好把握，但很多教师专项运动技能的掌握数量和掌握程度有限，面对个性化需求多样的学生，很难有效提升学生的专项技能水平；而外聘的专业队教练，虽然业务水平过硬，但是对教育规律却理解不深，过多地依赖专业队经历执教，容易出现重运动技能训练、轻运动品格塑造的问题，不利于学生良好教育环境的塑造。

家长价值认知存在偏差，运动参与支持力度不足。受长期以来"应试教育"传统观念影响，家长对孩子学习成绩和升学机会的重视要远超过对体育教育的重视，使得家长在对待体育运动的态度上容易走向两个极端。第一，"因噎废食"。由于害怕体育运动会影响孩子的学习成绩以及体育运动的对抗性会造成孩子受伤而对孩子参加体育运动存在抵触情绪。第二，"急功近利"。一些家长单纯地将体育运动作为孩子通过特长生升学的捷径，功利性强，只看重技能的发展和成绩的取得，而忽视了体育品德的培养。

同伴支持作用发挥不足，体育运动氛围营造欠缺。儿童青少年体育运动行为的激发与保持在很大程度上受到来自同伴群体中榜样人物的影响。而在当前以学业成绩为主的学生评价体系下，体育特长生往往因为"文化基础薄弱、纪律性较差"的问题被班级边缘化，无法发挥在营造良好运动氛围上的榜样带头作用。这也使得随着对学业成绩重视程度的提高，校园体育运动氛围经历了从小学热火朝天到初中不温不火，再到高中冷眼旁观的降温过程。

二、统筹联动有待完善

家校合作存在局限性，健康理念普及不足。家校合作共育作为新教育实验的重要项目，在我国已经得到了积极尝试，但在体质健康促进领域中的应用仍处于起步阶段，体育家庭作业制度也未完全落实，还存在着家庭学校分工不清、家校合作目标共识度不高、合作连续性不强的问题。目前，家校合作的内容多以对学生学业成绩的关注为主。即便是在体育特色校中，与体育有关的家校合作也多局限于校队学生中，凭借家校合作平台在全校范围内宣传体育运动健康促进价值的家校合作方式仍比较缺乏。

学科统筹尚未形成，学训矛盾仍然突出。目前，在中考、高考成绩中占比较少的体育学科处于相对弱势地位。一旦与"主科"冲突，其重视程度难免降低。而新时代学校体育工作要想真正落实每天1节体育课、普及与提高并重的改革目标，势必会挤占其他学科的学习时间。这一矛盾在初中、高中阶段尤为突出，很大程度上制约了家长和教师支持学生参加校园体育运动的积极性。可以说，目前能够实现体育课程与文化课程均衡发展、相互促进的多学科统筹联动体系仍未完全形成。

多级联动未成体系，条块分割合力不足。学校体育的体质健康促进价值是否能够有效发挥，既需要校长的顶层设计，又需要体育组的运动实践活动组织，还需要大队部或校团委的体育运动价值宣传和氛围营造，更需要总务处的后勤保障。而在目前学校体育工作开展过程中，不同学校部门间常常缺乏良性互动，仍然沿用传统的单边关系，各自为战，各部门间处于被动的配合状态，缺乏在统一目标引领下的工作合力，无法实现学校体育体质健康促进价值发挥的最佳资源配置。

三、制度保障有待优化

绩效奖励制度难落地，教师育人积极性难调动。目前，我国体育教师课时量普遍偏多，还要完成课外训练、学生体育活动组织等任务，工作负荷较大。同时体育教师的社会地位和工资收入也较低，常常出现"同工不同酬、职称晋升难"的现象。另外，由于缺少政策性文件，许多体育教师指导足球队取得比赛成绩后的奖金无法下发。这些都容易伤害体育教师的工作积极性，使他们产生职业倦怠，降低体育教学、训练的效果。而外聘教练员虽然在工资、奖金发放上不存在制度障碍，但受制于学校整体运行经费的限制，也常常会出现工资、奖金无法及时到位的情况。且外聘教练的绩效考核多以带队成绩为主，使其缺乏对学生进行体育品格教育的动力。

师资培训制度不系统，教师育人能力难提高。近年来，国家不断加强体育专项师资培训力度，基本构建起了国家、协会组织、地方教育体育部门相结合的体育专项师资培训体系，为基层体育教师提供了大量的培训学习机会。但是，由于学校层面对如何合理安排教师参加培训还缺乏针对性的管理制度和培训效果考核制度，常常出现应付上级部门分配的培训任务，教师走过场、混学分的问题。在实际培训过程中，常常出现老教师学不动、非运动专项教师学不懂、高水平教师重复培训的情况。加之培训内容多以如何提升学生专项运动技能为主，缺乏对学生体育品格培养的关注，限制了体育教师综合育人能力的提升。

教学训练制度不规范，教师育人作用难发挥。由于受到学生体质健康测试合格率的压力，许多体育教师把体育课上成了体能课，更关注如何通过体育运动提高学生的身体素质，教学内容缺乏育人意蕴，忽视了对学生运动兴趣、运动习惯、道德品质的培养。另外，许多外聘教练员习惯了专业运动员的培养模式，常常缺乏对运动水平较低的学生关注和积极的心理辅导，导致部分学生无法体会到体育运动带来的成功体验，对体育运动产生厌烦心理。可以说，虽然目前各种专项体育运动在中小学越来越普及，但是对如何规范教学和训练过程，提升运动教学训练育人质量，避免出现过早专业化，忽视学生运动兴趣、习惯和品格培养等问题进行管理的制度体系还亟待建立。

四、理念引领有待加强

成绩至上的价值理念仍需转变。虽然"应试教育"的弊端已经饱受诟病，但是学校对升学率的重视、媒体对"状元"的追捧、家长对孩子未来的希冀，都使得学习成绩仍是学校和家长关注的焦点。在这样的价值理念下，学校体育工作很容易被边缘化，增进学生体质健康的任务很容易向取得优异考试成绩让路，体育课时得不到保障，"育体"功能难以实现。同时，学校、家长对体育的重视更多地集中在体测"达标"和体育中考"满分"上，使原本检验学生体育运动水平的考试从手段异化成了目标，陷入"考什么练什么"的困境，运动教育变成了简单的技能训练，降低了学生的运动兴趣，也大大限制了学校体育"育德"价值的发挥。

体育工作改革落地性方案仍需完善。近年来，国家相继出台了一系列旨在促进新时代学校体育工作改革，切实帮助学生在体育锻炼中"享受乐趣、增强体质、健全人格、锤炼意志"的政策文件与发言论述极大地提高了中小学开展校园体育运动的积极性。但是也应该看到，这一系列的政策与论述，更多的是理念与方向的引领；关于如何将这些政策落地的系统性行动计划和实施方案，尚未形成可以推广、复制的成熟模式，这也是未来各地基层教育管理部门的努力方向。

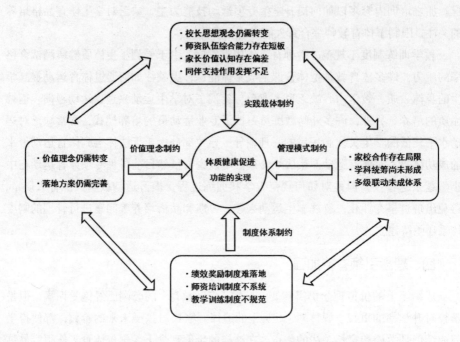

图 4-2　学校体质健康促进的制约因素

第三节　儿童体质健康促进社会生态学模式构建

　　新时代学校体育工作被赋予了落实立德树人根本任务，推动青少年文化学习和体育锻炼协调发展，培养德智体美劳全面发展的社会主义建设者和接班人的重任。这就要求体育工作者们必须在把握学生成长规律的基础上，认真总结当前学校体育工作中存在的问题，大力开展实践创新、管理创新、制度创新、理念创新，以创新驱动学校体育工作更好地发展，切实提升学生的体质健康水平[238]。

　　本节内容将从学校体质健康促进的微系统、中间系统、外层系统和宏系统入手，针对各层系统的影响与制约因素，结合上一章研究发现的影响儿童运动参与和体能与社会适应的主要因素，按照培养动机、营造环境、促进坚持、强化体能、改善情绪、提升自尊、增强适应的育人理念，进行儿童体质健康促进的社会生态模式设计（图4-3）。

一、体质健康促进微系统构建

围绕学校体育活动的有效开展，以"学会、勤练、常赛"为目标，构建校长引领、教师落实、学生参与、家长支持之间相互依存、相互促进的体质健康促进微系统。

(一) 深化课程改革，强化健康意识

成立以校长或分管教学副校长牵头，教务处、体育组参与的学校体育课程改革推进工作小组，提升体育课程价值认识，加大体育课程改革力度，在科学测算体育课班级数、体育教师数和场地容积量的基础上，合理排课，将国家对体育与健康课程课时数的要求落到实处。体育教师也应强化终身学习意识，以国家体育与健康课程改革目标为指引，广泛借鉴运动教育模式、个人和社会责任教育模式等不同教学模式的优点，在体育教学中强化对学生运动技能和体育品格的培养。同时，以学科特征、运动项目特性、学生本性为依据，以体育知识、技能、方法为基础，以学、练、赛结合为主要方式，按照循序渐进、由浅入深、有机衔接的原则，以足球、篮球、排球等团队运动项目为载体，合理设计普及与提升相结合的专项教学内容，围绕"运动能力、健康行为、体育品德"三指标，基于"学会、运用、比赛"三维度，创设运动情境、生活情境、教育情境，形成"纵向精深、横向坚实、内核丰富"的立体性"课内外一体化"体育运动教育体系，让更多的学生在共同运动过程中实现体质健康、全面发展。作为家长，也应提升对体育课程学习重要性的认识，自觉地监督、陪伴孩子进行体育锻炼并关注孩子的体育品格发展。

(二) 优化训练体系，实现因材施教

校长应转变"重智轻体"的片面观念，认识到校园体育运动在提升学生身心健康和学业成就上的重要意义，加大对学校课内外体育活动的支持力度。体育教师和外聘教练应做好不同运动专项的课内外一体化教学与训练设计，依托课程做好普及，依托训练做好提高，实现普及与提高的共同发展。

特别是在开展课余运动专项训练时，为了避免出现竞技性过重、趣味性不足、锦标性过重、教育性不足的问题，在设计训练方案时应遵循趣味性、教育性、循序渐进、因人而异、体能技能相结合、训练比赛相结合的原则，从专项技能、体能和心理品质三方面入手，设计系统性的日常训练方案。例如，在进行专项技能训练时，可采用模块化的训练内容安排，让学生从基本技术、战术和比赛能力等不同层面系统性地掌握专项运动技能；根据动态分层原则，让不同水平的学生都得到最好的发

展；以比赛场景再现式的练习方式，提升学生专项技能的临场比赛转换能力；通过开发多样的运动游戏，提升学生的训练乐趣和积极性。

在进行体能训练时，应遵循儿童的身体发展规律，注意训练方法的科学性，做到短时间高效率，避免长时间、高强度的耐力与力量训练；通过丰富练习形式和体能训练游戏开发，使原本枯燥的体能训练更具趣味性，提升学生练习的积极性和专注度；通过体能与技能练习相结合的形式，提高训练效率，让学生的运动能力在有限的训练时间里得到更好的发展。

在进行心理品质培养时，应多给学生提供积极反馈，通过合理的任务难度设置增加学生的成功体验，培养学生的自尊心；通过丰富多样的训练任务场景设置，改善学生的执行功能；通过积极的表象训练，提升学生的情绪调节能力；通过同时完成多种任务的练习方式，培养学生的注意力；通过建立运动团队，定期组织训练，分享比赛感受，营造充满支持性的团队氛围，搭建人际交流平台，培养学生的人际交流能力。

同时，在训练中还可以尝试引入团队竞争，建立队长负责制，发挥技术、品德优秀学生的榜样和领导作用，以一带多，营造全员团结一致、共同进步的良好氛围。家长也应支持孩子参加运动训练，不仅要在孩子进步时予以表扬，更要在孩子遇到困难时予以鼓励，引导孩子在克服困难、超越自我的过程中更好、更快地成长。

（三）完善校园联赛，增强健康意识

校长应认识到校园体育竞赛是全员参与的竞赛，大力开展以足球、篮球、排球联赛为代表的班级体育赛事，并积极牵头制定安全保障制度，消除家长的后顾之忧。体育教师应着力通过竞赛规则创新实现体育竞赛价值的理性回归，借助富有健康教育价值的各类体育赛事，提升学生的健康知识和健康行为，培养学生的规则意识、尊重意识、公平竞争意识、团队意识和顽强的意志品质，促进体育核心素养全面发展。

同时，应尽可能通过上场比赛、啦啦队、宣传、队服设计等多种形式，让全体学生参与到比赛过程中来。发挥体育特长生的榜样作用，作为小教练、小裁判参与到体育竞赛中去。家长也应理性地看待校园体育竞赛的价值，不以胜负论英雄，本着教育孩子的原则陪伴孩子一起面对比赛中的成功与失败。

（四）丰富体育文化，营造教育氛围

在校长引领上，校长应认识到体育运动不仅是一种身体锻炼形式，更是一种校园文化，需要通过多种形式、长期营造才能达到润物细无声的育人效果。在教师落

实上，体育教师可以协同团委或大队部教师一起，组织校园体育嘉年华、校园体育演讲、征文、摄影等活动，培养学生的人际交往能力，加深对体育运动的认识，提升参与体育运动的兴趣。在学生参与上，积极发掘体育运动促进学生全面发展的代表性事例，通过校园体育明日之星评选等活动，做好典型榜样的树立与宣传，引导更多的学生参与体育运动。在家长支持上，鼓励家长主动参与到学校举办的各类校园体育文化活动中去，和孩子一起体验体育运动的乐趣，通过亲身示范，实现校园体育体质健康促进工作开展内外动力的耦合。

二、体质健康促进中间系统构建

围绕着与学生体育教育活动开展关系最密切的家庭、教师及学校各职能部门之间的关系，创建家校共育、学科共育、多部门共管的学校体质健康促进工作管理模式，构建能够保障体质健康促进工作顺利开展的中间系统。

(一) 拓宽家校合作平台，普及运动健康理念

首先，依托家长委员会、家校读物、微信群、QQ群、家校互访等多种形式，搭建家长与学校之间的交流平台，坚持目标一致、地位平等、尊重儿童、方法多样、长期坚持、多方共赢等原则，向家长普及体育运动的健康促进价值并让家长参与到学校教育政策的制定与实施过程中来，监督教育过程、吸引社会资源，促进学校体育工作开展。

其次，依托交流平台，定期推送学校体育工作发展动态，传递体育运动对学生全面发展的重要作用，加强家长对学校开展学生体质健康促进工作的认同感，提高家长对学生体育运动参与的支持程度。

最后，定期举办体育嘉年华、训练开放日等亲子体育活动，邀请家长和孩子一起参与体育运动，提高家长对体育运动的了解程度，产生共鸣，建立良好的亲子关系，争取家长对学校体育工作的支持。

(二) 加强学科联合育人，缓解学习训练矛盾

首先，学校应转变"重智轻体"的片面教育观念，依据学生发展核心素养体系，以培养全面发展的人为目标，发挥不同类型运动项目在体育精神、运动实践和健康促进上的育人功能，在"情品双育、能习相随、知行合一"的基础上，有效实施学生体育学科核心素养培育和体质健康促进工作，为学生提供跨学科教学与学习的机会，形成体育、音乐、美术、语文、科学等不同学科间相互促进的学习模式，实现学科间联合育人。

其次，优化教学安排，加强文体配合。通过对课间休息、大课间活动及阳光体育活动时间的充分利用与结构优化，进行体育课时与课程结构的调整和改革，创新课程实施方案，逐步增加用于体育教学和课余训练的时间。针对体育特长学生可采用集中编班的方式，一方面，通过采用针对性更强、效率更高的教学方法，保证学生在相对较少的学习时间内，高质量地掌握课程知识，稳步提高学习成绩，打消家长顾虑；另一方面，根据学生文化课知识的掌握程度以及运动训练时间，合理安排教学进度、及时调整教学计划、做好查漏补缺、尽力提高学习效率，让学生利用在校时间就能掌握知识，减少家庭作业布置量，减轻学生作业负担。同时，加强课程思政融合，将传统文化教育与运动教育相结合，利用足球训练和比赛中的实例对学生进行礼仪教育，提升学生的人文素养，使学生能静能动、文武双全。

最后，要让学生树立不能因踢球影响正常文化知识学习的意识，加强班主任、任课教师、体育教师之间的沟通，建立学生文化课学习档案与运动技能发展档案，定期组织碰头会，分析学生的学习与训练情况。当学生出现文化课成绩明显下降或学习、训练态度不认真时，及时进行停训补课。在保证学生学业成绩的基础上发展运动技能，缓解学习与训练之间的矛盾。

（三）优化部门协作机制，提升健康促进合力

充分发挥校长在学生体质健康促进工作上的引领与推广作用，建立学生体质健康促进工作的校长负责制。成立由多部门联合组成的学校体育工作领导小组，制订学校体育工作计划，明确学校各相关职能部门责任，建立健全多部门齐抓共管工作机制，并将学校体育工作纳入学校发展规划和年度工作计划，将学生体质健康水平纳入考核指标体系，定期召开体质健康促进工作会议，研究解决体质健康促进工作中的问题，实现学校体育工作的动态调整，提高学校体育的学生体质健康促进效能。

三、体质健康促进外层系统构建

从学校体育工作的制度保障建设入手，加强学校层面评价调控类制度、能力提升类制度和行为规范类制度的建设力度，使体育教师和外聘教练们工作有动力、有能力、有方向，构建能够保障学生体质健康促进工作顺利开展的外层系统。

（一）多种方式并举，加强体育师资队伍建设

目前，学校体育教师队伍建设的问题主要集中在：（1）总量不足。具备开展课外专项运动训练能力的体育教师数量远远达不到应有标准。（2）动机不足。对于带队训练的教师缺乏相应的奖励机制。（3）规范不足。许多学校都聘请校外退役运动员指导

课余训练，但是外聘教练的专业水平、德育水平参差不齐。如果管理不善，可能会对学生的身心健康发展造成负面影响。因此，为了保证课余训练质量，在体育师资队伍建设上应注意以下几个方面。

首先，在师资引进方面，根据学校开展体育教学与训练的实际需求，每年设置体育专项教师招聘岗位，为学校体育特色项目的发展补充专项师资力量。同时，建立与体育院校、体育俱乐部的合作关系，在对教练员执教资质和言行品德进行严格考核的基础上，充分利用社会力量，补充学校体育师资。

其次，在教练员管理方面，加强对外聘教练教学训练的规范管理和绩效考核。教练组的训练计划要经过学校体育组的审核后方可实施；训练安排不得私自调整，训练时教练必须到场；严格按照教师职业道德规范要求组织训练；训练过程中禁止出现任何有害学生身心健康的行为；对于不符合学校要求或不遵守学校规章制度的教练，学校予以警告或辞退。

最后，在激励制度方面，将体育教师和外聘教练的训练情况、带队比赛成绩与绩效考核、奖金发放和职称评聘挂钩，将体育教师训练课时纳入工作量，取得的成绩按级别计入学校的量化积分，并根据规定发放适当奖励，而对于绩效考核不合格、工作不积极或出现工作失误的教师、教练也应进行处罚，从而让体育教师和教练们工作有规范、有动力。

(二) 科学组织培训，增强体育教师工作能力

学校应建立体育教师专业能力成长档案，在综合考虑体育教师年龄、性别、专业背景等因素的基础上，构建运动专项教学训练能力普及与提高相结合的师资队伍建设规划，科学、有针对性地选派教师外出参加培训。加强培训效果的检查工作，定期组织专项教学与训练业务能力考核，杜绝"走过场、混学分"的培训心态。另外，在鼓励教师走出去的同时，加强专家引进来的工作，通过与高等院校、青少年体育运动学校、职业体育俱乐部开展跨界协同合作，建立学校体育多维协作机制。定期邀请体育教学与运动训练领域的高水平专家入校为体育教师介绍先进的运动教育理论和运动训练方法。而作为师资培训的组织部门，则应加强对体育教师、教练健康教育能力的培养，建立针对不同学段、不同水平教师、教练的分段培训、分层培训机制，有效提升开展体质健康促进工作的能力。

(三) 加强制度保障，解决学校体育后顾之忧

学校的体育工作专项经费支持力度，直接决定了与体育工作开展相关的场地、装备、器材的建设与配备质量，而学生的运动安全能否得到保障，一直都是学校体

育工作者和学生家长共同关注的问题。因此，为了让教师、家长与学生没有后顾之忧，应重点解决好以下问题。

在经费保障方面，建立学校体育工作长效经费扶持机制，保障有足额的经费用于开展运动会、嘉年华、兴趣课等群体活动以及特色运动队教练聘请、服装制作、器材更新、外出比赛等工作，实现学校体育工作的可持续发展。

在安全保障方面，为了保证学生的运动安全，由学校统一购买学平险、校方责任险、运动意外险等保险，并开展运动安全主题班会，将学生在运动训练过程中的安全教育落实到每个人。教练在训练过程中也随时对学生渗透安全教育内容，通过实践体验，让学生在对抗和意外情况下学会如何保护自己，从而将学生发生运动伤害的风险降到最低。

四、体质健康促进宏系统构建

学校体育工作的顺利开展离不开社会大环境的支持，加强学校体育工作综合育人价值的社会宣传力度和学校体育工作引领性政策的制定力度，构建能够保障学生体质健康促进工作顺利开展的宏系统。

(一) 加强社会宣传，树立正确价值导向

充分发挥各类新闻媒体的宣传优势，大力开展体育运动综合育人价值的宣传，在全社会普及"健康第一"的儿童教育理念。通过宣传、报道体育运动促进孩子全面发展的典型事例，让全社会了解体育运动不仅能够促进孩子的身体健康，还能够培养孩子的健全人格、提升学习品质，从而树立关心儿童体质健康的价值导向，积极营造校园体育运动的文化氛围，提升社会各界对学校体育工作的支持度，逐渐转变家长和学校"体育锻炼会影响学习""练体育只为考试"的错误观念。

(二) 加快制定标准，引领体育发展方向

随着《关于深化体教融合促进青少年健康发展的意见》《关于全面加强和改进新时代学校体育工作的意见》等文件的出台，为新时代学校体育工作的高质量发展指明了方向，也为学校体育工作整体地位的提升提供了契机。在这一背景下，各级学校和教育体育主管部门应按照文件精神不断深化体育教学改革、改善办学条件、完善评价机制、加强组织保障，将国家的引领性政策方针落地为可具体操作的行动方案和考核标准，切实贯彻落实学校体育"享受乐趣、增强体质、健全人格、锤炼意志"的立德树人目标。

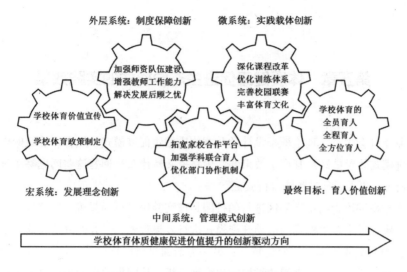

图4-3 儿童体质健康促进的社会生态学模式

第四节 本章小结

本章研究的主要结论为：

学校体育是实现儿童体质健康促进的重要途径，这一功能的实现是一项复杂的系统工程，单纯针对学生、家长或者教师的干预策略都难以达到理想的效果。因此，需要从社会生态学的理论视角出发，系统性地设计体质健康促进的微系统实践支持机制、中间系统统筹联动机制、外层系统制度保障机制和宏系统理念引领机制，构建学校体育体质健康促进功能实现的社会生态体系。

本章研究的主要启示为：

为了切实提升儿童体质健康水平，应通过创新体质健康促进实践载体，提升各方支持力度；创新体质健康促进管理模式，完善各方联动机制；创新体质健康促进制度体系，强化各方工作能力；创新体质健康促进价值理念，营造良好运动氛围等途径，着力克服各个系统中阻碍学校体育体质健康促进功能实现的制约因素，实现儿童体质健康促进工作的高质量创新式发展。

第五章　体质健康促进生态学模式的实践效果

基于社会生态学理论框架设计的儿童体质健康促进模式,是否比普通的体质健康促进模式效果更好? 其产生效果的作用路径又是什么? 回答这些问题除了理论上的分析外,更需要通过实践进行验证。

本章研究以青岛市即墨区进行的校园足球实验班试点为契机,对这种十分符合体质健康促进生态学模式的运动开展模式进行效果观测。一方面分析在这一足球运动生态中儿童体质健康的变化特征;另一方面通过对锻炼坚持、体能、认知重评、自尊和社会适应变化量之间的结构方程模型分析,从因果关系的角度进一步检验第三章节研究发现的运动参与影响儿童体质健康的可能作用路径,弥补横断面研究的不足。

第一节　研究对象与方法

一、研究对象

研究对象来自青岛市即墨区开展足球实验班试点的4所小学。选择新入学且事先未接受系统足球训练的3~4年级足球班学生作为实验组。同时,在相同年级根据体育教师和班主任的推荐,选择平时喜欢参加体育活动,但未接受系统专项运动训练且基本不参加足球运动的学生作为对照组。所有学生均无运动系统疾病及耳鼻喉科病史和体格检查异常。

根据研究的测试内容,研究对象分为两类。首先,选择实验组学生180人和对照组学生170人进行量表与一般性体能测试。其次,在上述学生中,进一步选择实验组学生115人和对照组学生60人进行专项体能测试。在剔除量表作答无效、姓名无法匹配、中途转学的学生后,各类研究对象基本情况如表5-1所示。

表 5-1　研究对象基本情况

测试内容	组别	男	女	合计	平均年龄 / 岁	平均身高 /cm	平均体重 /kg
量表与一般性体能	实验组	108	66	174	10.19 ± 0.91	141.12 ± 6.68	36.46 ± 8.27
	对照组	88	79	167	10.15 ± 0.83	140.39 ± 7.63	35.37 ± 9.64
量表与专项体能	实验组	61	49	110	9.95 ± 0.72	140.85 ± 6.53	33.87 ± 7.78
	对照组	30	29	59	9.62 ± 0.54	139.15 ± 6.47	31.21 ± 6.29

二、足球运动环境特征

依据上一章研究提出的体质健康促进社会生态学模式，足球实验班从足球训练方案、文化学习方案、文体联合方案、家校联合方案、师资队伍建设方案、经费与安全保障方案以及质量监控方案等多个方面入手，对各层系统的影响因素都进行了精心设计，构建了系统性的足球运动环境，总体来说具有以下特征。

培养目标：以球育人、以球启智、以球促学，让学生在快乐足球中培养兴趣、强身健体、健全人格，为复合型足球人才培养奠定基础。

选拔模式：在自愿报名基础上，经过基本身体素质测试，依据综合文化课成绩进行选拔。

管理模式：集中编班管理，作息时间统一，班级足球文化氛围浓郁。

训练模式：每周训练 4 次，每次 90 分钟左右，强调对学生足球运动兴趣、基础足球技能和体能以及团队精神、合作能力和良好行为习惯的培养，训练强度适中。

课程设置：将所有体育课和阳光体育活动课安排在下午，均用于足球训练，保证文化课学习时间不被占用。

师资配备：学习上安排教学经验丰富的教师，保证学生的文化课成绩。训练上配备高水平足球教师与外聘教练。

后勤保障：学校设立足球实验班建设专项经费，满足场地、器材、设施的建设及聘请高水平教练的需求。加强运动安全教育，并为所有学生购买保险，保证学生运动安全。

三、量表测量

使用与第三章研究相同的《锻炼坚持量表》《二维自尊量表》《儿童青少年情绪调节量表》中的认知重评维度和《社会适应量表》对研究对象进行测量。

本研究中，各维度 Cronbach's α 系数分别为锻炼坚持 0.795、自我悦纳 0.818、自我胜任 0.768、认知重评 0.853、学习适应 0.821、家庭适应 0.645、人际适应 0.728、具有较好的内部一致性。

测量时间分别为第一学期初、第一学期末和第二学期末。上述所有量表均采用Likert7点计分，各维度得分及量表总分为所含题目得分加总后的平均值。

四、体力活动监测

在干预中期随机选取38名实验组学生（男生21人，女生17人）和19名对照组学生（男生10人，女生9人），使用 ActiGraph GT3X+ 三轴运动加速度计记录他们一周时间内的体力活动情况。要求学生将加速度计佩戴于右侧髋关节上方，每天记录8∶00—21∶00这一时间段内的体力活动情况。

根据 Pulsford 推荐的儿童体力活动强度划分方法[354]，分别对研究对象平均每天中等强度体力活动（MPA）时间、高强度体力活动（VPA）时间、中高强度体力活动（MVPA）时间，以及有效监测时间内学生持续10分钟以上的 MVPA 次数（Bouts）进行监测。其中，中等强度活动时间的切点值（Cut Point）为2241，高强度为3841。计算持续10分钟及以上的 MVPA 次数时，允许有1~2分钟的 count 值低于 MVPA 阈值。

五、体能监测

分别在第一学期初、第一学期末和第二学期末，进行三次体能测试。按照《国家学生体质健康标准》要求，进行50米跑、1分钟仰卧起坐和1分钟跳绳测试，评价儿童的冲刺能力、核心力量以及力量耐力与协调性；使用意大利 Opto Jump 体能测试系统进行深蹲跳、连续纵跳、反应时、单脚闭眼站、快速小步跑测试，评价儿童的下肢爆发力、连续跳跃能力、反应速度、平衡能力和速度耐力；使用意大利 Witty·SEM 灵敏测试系统进行随机变向跑测试，评价儿童的灵敏性；按照 Fitness-Gram® 制定的标准，进行20米冲刺跑测试，并根据 Matsuzaka 等人建立的公式评价儿童的最大摄氧量[239]：$VO_{2max} = 61. - 2.20$ 性别 -0.462 年龄 $-0.862BMI + 0.192$ 总 lap 数；性别赋值男为0，女为1。

六、统计方法

在 SPSS23.0 中，进行各测试项目组别（实验组、对照组）× 时间（前测、中测、后测）的重复测量方差分析，并进行各组别测试项目前后测成绩变化量的 Pearson 相关分析。同时，使用 PROCESS 根据第三章研究构建的结构方程模型，进行各测试项目成绩变化量之间的中介效应分析。数据结果用平均值 ± 标准差（M ± SD）表示，以 $P \leq 0.05$ 表示差异具有显著性。

第二节　足球运动环境对儿童体能的影响

本节内容在监测儿童速度、核心力量、耐力等一般性体能变化的基础上，进一步监测儿童的下肢爆发力、连续跳跃能力、反应速度、平衡能力、速度耐力、灵敏性、最大摄氧量等专项体能的变化，较为全面地评价足球运动环境的体能促进效果和特点，并结合对儿童锻炼坚持行为和体力活动情况的监测，分析足球运动环境产生体能促进效果的原因。

一、足球运动环境对儿童锻炼坚持的影响

如表5-2所示，在锻炼坚持上，组别 × 时间交互效应非常显著 $[F_{(2, 130)} = 5.394, P<0.01]$。进一步简单效应分析发现，在前测时，两组学生的锻炼坚持水平不存在显著差异，说明研究对象具有同质性。在中测和后测时，实验组学生的锻炼坚持水平都要非常显著地高于对照组。在实验组中，锻炼坚持中测得分非常显著地高于前测，后测得分非常显著地高于前测和中测。在对照组中，后测得分非常显著地高于前测和中测，但前测和中测之间并无显著差异。总体来说，实验组的锻炼坚持水平表现出了更快的上升趋势。

表5-2　儿童锻炼坚持变化情况

组别	前测	中测	后测
实验组（n=174）	5.71 ± 0.87	6.15 ± 0.73[**##]	6.49 ± 0.64[**##&&]
对照组（n=167）	5.40 ± 0.93	5.47 ± 0.97	5.76 ± 0.98[##&&]

注：** 表示同对照组相比 $P<0.01$；## 表示同本组前测相比 $P<0.01$；&& 表示同本组中测相比 $P<0.01$。

足球运动环境带来更好的锻炼坚持促进效果，主要是因为更有针对性的策略运用。在第三章的研究中已经发现，来自个体内部的锻炼动机和外部的社会支持都是影响儿童锻炼坚持的重要因素。因此，在设计足球运动环境时，更加关注对学生内部锻炼动机的激发和外部锻炼支持环境的营造。首先，通过以兴趣培养为主的目标定位、以鼓励为主的教学训练原则、以游戏为主的教学训练方法，充分提升学生的运动乐趣，并尽可能多地提升学生的自我效能感，从而让学生更加积极主动地投入到足球运动中去。其次，通过不耽误文化课学习时间的训练安排和更好的教学师资配备，保证学生的文化课成绩，使足球训练获得了更多的父母支持。再次，通过高水平足球教练的配备以及团队意识、集体荣誉感的培养，使学生在足球训练中获得了更多的教师与同伴支持。这一内外兼顾的足球运动环境设计，更好地培养了儿童

的运动习惯，提高了参与足球运动的坚持程度。

二、足球运动环境对儿童体力活动的影响

如表 5-3 所示，在干预中期通过对部分研究对象进行体力活动监测发现，一周时间内，实验组男生和女生的 MPA、VPA 和 MVPA 时间，以及持续 10 分钟及以上的 MVPA 次数均要显著高于对照组。这说明足球运动环境能够有效提高儿童的中高强度体力活动水平和持续运动时间。

另外，本研究还对每周 4 次足球训练课的运动强度进行了监测。结果显示，男生的 MVPA 时间占总训练时间的 42.02%，平均运动强度为 4.02MET；女生的 MVPA 时间占总训练时间的 37.60%，平均运动强度为 3.99MET。说明在 90 分钟的足球训练课中，平均运动量维持在中等强度水平，具有较好的锻炼价值。而对照组男生的 MVPA 时间占总运动时间的 22.50%，平均运动强度 3.19MET；女生占 16.39%，平均运动强度 2.76MET，MVPA 时间及运动强度均低于实验组。

同时，通过脉搏监测发现，实验组在足球训练过程中平均心率为 132.7 ± 10.5 次 /min，接近最大心率的 66%，达到中等强度有氧运动的标准。对照组在运动时心率为 122.5 ± 11.4 次 / 分钟，接近最大心率的 61%，运动强度低于实验组。

表 5-3　研究对象一周时间体力活动情况

变量	实验组（M ± SD）		对照组（M ± SD）	
	男（n=21）	女（n=17）	男（n=10）	女（n=9）
MPA（min/d）	40.55 ± 7.99**	33.06 ± 5.23**	30.98 ± 6.24	23.15 ± 7.71
VPA（min/d）	26.91 ± 9.56*	21.47 ± 6.02**	18.34 ± 5.87	11.75 ± 4.24
MVPA（min/d）	67.46 ± 14.52**	54.53 ± 10.50**	49.32 ± 11.16	34.90 ± 11.38
Bouts（次）	6.28 ± 2.24*	3.82 ± 2.29*	4.60 ± 1.77	2.00 ± 1.58

注：* 表示同对照组相比 $P<0.05$；** 表示同对照组相比 $P<0.01$。

足球运动环境带来的体力活动促进效果，一方面与其更好的锻炼坚持促进效果有关，一方面还与更强调运动密度和运动强度的训练方案设计有关。游戏化、比赛化的训练方式，让学生时刻保持较高的运动积极性，提升了有限训练时间内的运动密度；而体能与技能相结合的训练内容，则有效提升了运动强度，让学生在有效的训练时间内得到更多的身体锻炼。例如，通过 1 分钟连续左右脚踩球或拨球，既锻炼了心肺耐力，又提升了球感；通过有球或无球状态下直线冲刺与 S 形变向相结合，既锻炼了速度能力，又提升了灵敏性和控球能力。

三、足球运动环境对儿童一般性体能的影响

足球运动持续中等强度与高强度间歇相结合的运动特征，以及复杂多样的技术动作，使其在促进有氧能力、速度、力量、平衡、灵敏、协调等众多人体运动能力上具有独特优势。同时，良好的体能水平也为足球技能的更快发展提供了生理学基础。体能与足球技能之间相辅相成的关系，使得足球运动在儿童体能促进上更具全面性和趣味性，在运动习惯培养上更具时效性和持续性，有效地解决了体育课中面对传统体能训练学生兴趣度低、积极性差、坚持性弱的问题。将体能训练与技能学习相结合的足球运动环境，不但能对《国家学生体质健康标准》中监测的学生一般性体能产生良好的促进作用，也能对与足球运动相关的专项体能产生良好的改善，进而更全面地提升小学生的体能水平。

在50米跑、1分钟仰卧起坐和1分钟跳绳成绩上，组别 × 时间交互效应均非常显著 [$F_{(2, 130)} = 9.545$，$P<0.01$；$F_{(2, 130)} = 24.229$，$P<0.01$；$F_{(2, 130)} = 17.008$，$P<0.01$]。进一步简单效应分析发现，在前测时，实验组与对照组在这三项测试成绩上均不存在显著差异，说明具有同质性。而在中测和后测时，实验组的测试成绩均非常显著地优于对照组。在实验组中，三项测试的中测成绩均非常显著地优于前测，后测成绩均非常显著地优于前测和中测。在对照组中，50米跑的后测成绩非常显著地优于前测，仰卧起坐和跳绳的后测成绩非常显著地优于前测和中测，但是中测和前测成绩之间均无显著差异。总体来说，实验组学生的快速冲刺能力、核心力量、耐力与协调性表现出了更快的上升趋势（表5-4）。

表5-4　研究对象一般性体能变化情况

项目	实验组（$n=174$）			对照组（$n=167$）		
	前测	中测	后测	前测	中测	后测
50米跑（s）	9.48 ± 0.71	9.18 ± 0.65[**##]	8.92 ± 0.71[**##&&]	9.60 ± 0.81	9.50 ± 0.74	9.32 ± 0.73[##]
仰卧起坐（次）	30.86 ± 7.37	34.34 ± 7.61[**##]	38.32 ± 7.46[**##&&]	29.32 ± 6.92	30.29 ± 6.45	32.64 ± 7.31[##&&]
跳绳（个）	120.81 ± 18.39	130.95 ± 17.41[**##]	138.61 ± 18.20[**##&&]	120.09 ± 18.87	122.67 ± 18.72	129.49 ± 18.45[##&&]

注：** 表示同对照组相比 $P<0.01$；## 表示同本组前测相比 $P<0.01$；&& 表示同本组中测相比 $P<0.01$。

50米跑成绩所反映的快速冲刺能力是在足球比赛中完成快速移动、带球过人、防守抢断的基础能力，也是在小学 3 ~ 4 年级足球训练中重点发展的能力。足球运动

环境带来的快速冲刺能力促进效果，一方面是因为其中所包含的大量快速冲刺能力训练内容，如踢臀跑、快速高抬腿、快速小步跑、20米冲刺跑、抓人游戏、团队接力赛等，这些训练方式都被认为能够有效提高练习者的冲刺能力[240]。另一方面，也因为多种训练方法的应用，例如，间歇训练法，控制每组练习的间隔时间，给予学生充分休息，要求尽全力完成每一次练习，提高训练效率；组合训练法，以快速起跑、绕杆跑、冲刺跑相结合的形式，进行反应、灵敏、冲刺能力的组合训练，从而全面提高学生的多项体能。同时，加强快速力量训练，例如快速深蹲跳、纵跳等练习，也能更好地促进速度能力的提升[241]。

以仰卧起坐成绩所反映的核心力量是在足球运动过程中维持躯干稳定，增强神经—肌肉工作效率，从而在运球、射门、传球以及拼抢时获得更好运动表现的重要保障。小学3～4年级学生正处在力量素质发展和足球技能学习的敏感时期，适当的核心力量训练对于体能和足球技能的提升十分必要。足球运动环境带来的核心力量促进效果，主要是因为其中包含了形式多样的核心训练方式，除了传统的仰卧起坐练习外，还加入了卷腹、举腿、成桥、平板支撑、站位半转身传球、坐位 V 形掷球等丰富多样的核心力量训练方式。不仅使腹直肌、腹外斜肌、竖脊肌等浅层肌肉得到锻炼，也使多裂肌、腹横肌和膈肌等深层肌肉得到锻炼，从而更全面地发展了儿童核心力量，提高了在足球技能学习过程中脊柱、骨盆和胸腔的稳定性，为四肢高效、有力的运动和运动损伤的预防打下了基础[242]。

跳绳成绩所反映的力量耐力与协调性是儿童学习运动技术的基础能力。具备良好协调性的儿童可以更好地完成各项复杂的足球技术动作，且8～12岁的儿童正处在发展协调性的最佳时期。因此，国际足联也将协调性训练作为8～12岁儿童足球训练的重要内容[243]。足球运动环境带来的力量耐力与协调性促进效果，主要是因为其中包含了形式多样的力量耐力与协调性训练方式——除了双脚单摇跳绳之外，还加入了双脚交替跳绳、双摇跳绳、反摇跳绳、编花跳绳等跳绳练习方式，以及变向跑和变向运球练习，从而提升了大脑对肌肉进行控制完成复杂动作的能力。多样的力量耐力与协调性训练，既提升了足球训练的趣味性，又提高了下肢主要肌群的募集能力，产生更大的肌力和冲刺能力，提升了足球技能的学习表现。本研究也发现，实验组学生跳绳能力提高和50米跑能力提高之间具有非常显著的正相关，进一步支持了前期研究的结论。

总体来说，虽然在正常成长和参与一般性学校体育活动的过程中，儿童的快速冲刺能力、核心力量、耐力与协调性等一般性体能也会得到一定的发展，但是发展速度相对较慢。而足球运动环境以其较多的运动时间、丰富的训练内容和趣味性强的练习方式，能够在相对较短的时间内更大幅度地提高儿童的一般性体能。

四、足球运动环境对儿童专项体能的影响

在深蹲跳、连续纵跳、下肢反应时、单脚闭眼站、快速小步跑、随机变向跑和最大摄氧量测试成绩上，组别 × 时间交互效应均显著 [$F_{(2, 56)} = 9.337$，$P<0.01$；$F_{(2, 56)} = 8.071$，$P<0.01$；$F_{(2, 56)} = 5.649$，$P<0.01$；$F_{(2, 56)} = 3.898$，$P<0.05$；$F_{(2, 56)} = 10.155$，$P<0.01$；$F_{(2, 56)} = 5.860$，$P<0.01$；$F_{(2, 56)} = 19.476$，$P<0.01$]。进一步简单效应分析发现，在前测时，实验组与对照组在这七项测试成绩上均不存在显著差异，说明具有同质性；而在中测和后测时，实验组的测试成绩均显著地优于对照组。

在实验组中，七项测试的中测成绩均非常显著地优于前测，后测成绩均显著优于前测和中测。在对照组中，最大摄氧量三次测试之间均无显著差异，只有反应时的中测成绩显著优于前测，其他项目只在后测时才较前测成绩有了显著提升，同时深蹲跳、反应时和单脚闭眼站三项测试的后测成绩较中测成绩也有显著提升。

总体来说，实验组学生的下肢爆发力、快速跳跃能力、反应时、平衡能力、速度耐力、灵敏性和最大摄氧量均表现出了更快的上升趋势，特别是在最大摄氧量上具有一般体育活动所没有的促进效果（表5-5）。

表5-5　研究对象专项体能变化情况

项目	实验组（n=110）			对照组（n=59）		
	前测	中测	后测	前测	中测	后测
深蹲跳（cm）	22.10 ± 3.28	22.94 ± 4.03**##	24.56 ± 4.25**##&&	19.85 ± 3.13	20.51 ± 3.45	22.13 ± 3.47##&
连续纵跳（cm）	14.71 ± 3.78	17.21 ± 3.44##	18.60 ± 3.67**##&	14.80 ± 4.24	15.75 ± 3.16	16.57 ± 4.78#
反应时（s）	0.65 ± 0.07	0.56 ± 0.06**##	0.53 ± 0.06##&&	0.65 ± 0.05	0.60 ± 0.07##	0.56 ± 0.07##&&
单脚闭眼站（s）	9.20 ± 3.70	13.29 ± 4.86**##	16.49 ± 5.87**##&&	8.59 ± 3.36	10.48 ± 3.77	13.55 ± 5.18##&&
小步跑（步/min）	377.88 ± 59.85	419.86 ± 54.51**##	443.52 ± 55.44**##&&	376.39 ± 55.35	387.84 ± 58.23	410.43 ± 61.48##
变向跑（s）	17.53 ± 1.25	16.86 ± 0.73**##	16.45 ± 0.78**##&&	17.51 ± 0.99	17.28 ± 0.89	16.93 ± 0.78##
最大摄氧量（ml·kg⁻¹·min⁻¹）	46.03 ± 2.97	47.45 ± 3.01**##	48.90 ± 3.38**##&&	45.51 ± 2.60	45.58 ± 2.76	46.41 ± 2.93

注：* 表示同对照组相比 $P<0.05$；** 表示同对照组相比 $P<0.01$；# 表示同本组前测相比 $P<0.05$；## 表示同本组前测相比 $P<0.01$；& 表示同本组中测相比 $P<0.05$；&& 表示同本组中测相比 $P<0.01$。

深蹲跳和连续纵跳高度所反映的下肢爆发力与快速跳跃能力，直接影响了足球运动中的快速启动和跳跃表现，是影响比赛结果和技战术表现的重要因素[244]。与不

考虑体重因素的绝对力量不同，爆发力和快速跳跃能力更加关注在不增加体重的情况下增强力量，实现力量与速度的最佳组合，这与足球运动快速、灵活的技术特征要求相一致。特别是对于还未进入体重突增期的小学 3～4 年级儿童来说，爆发力和快速跳跃能力训练比绝对力量训练更为重要。

足球运动环境带来的下肢爆发力与快速跳跃能力促进效果，主要是因为其中有针对性地设计了多样化的下肢力量训练方案。除了箭步蹲、徒手半蹲、徒手深蹲等绝对力量训练外，还通过增强式训练的形式进行爆发力和快速跳跃能力训练。有研究表明，由于增强式训练在肌肉进行向心收缩前，先让肌肉产生离心收缩，肌肉的迅速拉长使肌肉获得了更多的弹性势能和更快的收缩速度，从而提高了练习者的爆发力[245]。本研究也发现，在经过双脚跳敏捷梯、台阶跳、连续障碍跳等增强式练习后，儿童的下肢爆发力和快速力量明显提升，进一步支持了前期的研究结论。

看到视觉信号后，下肢抬起时间所体现的反应速度是在足球运动中根据视觉信息快速做出动作反应以应对场上变化的保障。反应时间取决于运动神经传导速度，通常分为视觉反应时和听觉反应时。有研究表明，在足球运动中视觉反应时比听觉反应时更重要，优秀足球运动员能够投入更多的视觉注意力在阅读比赛信息上[246]。虽然反应时并不像耐力和力量那样更容易受到训练频率和训练强度的影响，但是本研究依然发现，在足球运动环境中儿童的反应能力得到了更好的发展。

研究发现，反应时在一定程度上受到认知功能的影响[247]。小学 3～4 年级儿童正处在认知功能的快速发展阶段，随着年龄增长，注意力的稳定性越来越好，能够在完成视觉反应测试时集中更多的注意力，从而获得更短的反应时间。这也解释了为什么实验组和对照组的反应能力都出现了伴随着时间变化的显著增长。但是除了初始水平外，实验组的反应速度都要显著高于对照组。这主要是因为足球运动环境对儿童的认知功能，特别是反应能力以及肌肉—神经传导速度产生了更为有效的促进作用。研究表明，6 个月的足球运动干预能够有效提高 9～10 岁儿童的运动能力和视觉反应能力。这不仅与足球运动中包含的一般性身体活动有关，更与足球运动特有的技术特点有关[248]。在本研究的足球运动环境中，包含了大量训练儿童注意力与反应能力的元素，如反口令练习、快速变向练习、抢球练习等，能够有效地提升儿童的反应能力。

单脚闭眼站立时间所反映的平衡能力，是足球运动员获得最佳运动表现并降低损伤风险的关键因素。特别是支撑腿的单侧平衡能力，在对侧下肢完成一系列控球技术时发挥着重要作用。有研究发现，对于未经训练的人群，相对于跑步训练，12 周的足球训练能够产生更好的平衡能力促进效果。另外一项大样本的干预研究也发现，经过 18 周每周 2 次的足球训练，参与者的平衡能力提高了 45%[249]。

足球运动环境带来的平衡能力促进效果，主要是因为相关足球训练内容更全面地提升了影响平衡能力的相关因素。平衡的维持依赖于正确的前庭感觉、本体感觉及视觉信息的输入，大脑的整合作用及其神经支配，骨骼肌系统产生的适宜运动以及正常的肌张力[250]。其中，本体感觉和肌肉力量在平衡控制上发挥着重要作用。众多研究表明，本体感觉和肌肉力量的改善都能够显著提高人体平衡能力[251]。本研究也发现，实验组学生平衡能力的提升同下肢爆发力的提升之间具有显著的正相关。在足球运动环境中，颠球、停球、传球、运球等技术动作的练习使平时较少完成精细动作的下肢得到了充分锻炼，伴随着下肢肌肉本体感受器数量以及中枢神经系统对本体感觉信息整合处理能力的提升，儿童的本体感觉也得到了更快的发展。同时，足球训练中包含的众多下肢力量素质练习，也增强了儿童髋、膝、踝关节的肌肉力量，进而能够在姿势调节时更好地稳定关节，提升平衡控制能力。

15秒快速小步跑平均步速所反映的速度耐力，体现了机体在无氧代谢条件下坚持较长时间快速运动的能力。在足球运动的进攻和防守中包含大量的短距离冲刺，球员保持高速运动的能力直接影响到抢断、过人、射门等技术动作的完成表现。有研究发现，对于未经训练的女性而言，16周的休闲足球训练要比跑步训练更有效地提高短距离冲刺能力和肌肉适应性[252]。本研究的发现也支持了足球运动的速度耐力促进效果。

足球运动环境带来的速度耐力促进效果，一方面是得益于足球运动本身的特征。足球运动中经常需要在5~15米的范围内反复进行快速冲刺跑以完成进攻和防守任务，从而提高了人体磷酸原和糖酵解两大无氧供能系统的工作能力；另一方面也得益于专项训练方法的应用。有研究比较了速度耐力产生（SEP）训练和速度耐力维持（SEM）训练两种速度耐力训练方式对足球运动员运动表现的影响。结果发现，SEP训练提高了运动员的重复冲刺能力和高强度间歇运动的表现，而SEM训练则提高了运动员对疲劳的耐受性和在连续短时间最大强度运动中保持速度的能力[253]。在本研究的足球运动环境中，也借鉴了这种间歇训练的形式，通过间歇性的20秒快速小步跑练习、20米连续绕杆接力练习，以及快节奏的贴膏药游戏等多种形式，发展了儿童的速度耐力。

随机变向跑不仅需要良好的爆发力来控制加速和减速，还需要良好的协调性和平衡性来进行转身和方向变换，同时也需要大量的认知功能进行目标观察，因此能够较综合地反映学生的灵敏素质。在足球运动中常常需要在急剧变化的条件下快速做出准确判断，并迅速改变身体运动方向，这些都对灵敏性有着较高要求。有研究发现，小场地足球游戏和多向冲刺跑训练能够对儿童的敏捷性和方向变换能力产生良好的促进作用[254]。本研究的发现也支持了这一结论。

足球运动环境带来的灵敏性促进效果，一方面是因为足球训练较全面地提升了影响灵敏性的相关身体素质。灵敏性受平衡、协调、反应速度、快速力量等众多因素的共同影响。本研究也发现，随机折返跑完成时间的变化同连续纵跳高度、反应时、单脚闭眼站和小步跑平均步速的变化之间均存在显著的相关。足球运动环境能够较为全面地提高上述与灵敏性密切相关的身体素质，进而提高了儿童的灵敏性。另一方面也是因为足球训练中包含了大量灵敏素质的专项练习。例如，敏捷梯练习、有球或无球状态下的"S"绕杆、障碍跑等程序化灵敏性训练，以及小场地抢球游戏、躲闪球、随机变向跑等随机灵敏性训练，这些练习都能够有效锻炼儿童的灵敏素质。

足球运动比赛时间长、跑动距离多，且运动强度大部分时间维持在中等强度，并伴有间歇性的高强度冲刺跑，这就需要运动员具备良好的有氧工作能力。而通过20米渐进性有氧耐力跑成绩间接计算人体最大摄氧量，进而评价有氧能力，已经被认为是一种安全、有效的方法。大量的研究发现，休闲足球运动能够有效提高久坐不动人群的间歇性耐力和最大摄氧量，而且同跑步相比促进效果更好，这可能与休闲足球运动的健康目标导向和更高的运动乐趣有关[255]。本研究同样发现，足球运动显著促进了实验组学生的最大摄氧量，而对照组学生的最大摄氧量在两个学期的过程中并未出现显著变化。

足球运动环境带来的最大摄氧量促进效果，可能是因为其带来的更多中高强度运动时间。研究表明，对于中国儿童来说，中高强度体力活动时间对有氧耐力水平具有积极影响[256]。在本研究中，通过足球运动环境的影响，实验组学生的中高强度体力活动时间要显著高于对照组。同时，有氧运动持续10分钟以上会获得额外的健康效益[257]，主要表现在能够改善心血管健康水平。在一堂足球训练课中，实验组学生大部分时间都处于持续运动之中，持续10分钟以上MVPA的次数要显著多于对照组，从而对儿童的最大摄氧量产生了更好的促进作用。

第三节　足球运动环境对儿童心理发展的影响

本节内容从对儿童社会适应发展较为重要的自尊和认知重评两项指标入手，评价足球运动环境对儿童心理发展的促进作用，并结合足球运动环境的特点对其产生作用的可能原因进行分析。

一、足球运动环境对儿童自尊的影响

在自我悦纳、自我胜任和整体自尊上，组别 × 时间交互效应均非常显著 $[F_{(2, 130)} = 5.131$，$P<0.01$；$F_{(2, 130)} = 7.265$，$P<0.01$；$F_{(2, 130)} = 8.647$，$P<0.01]$。进一步简单效应分析发现，在前测时，实验组与对照组在这三项指标上均不存在显著差异，说明具有同质性。而在中测和后测时，实验组的自我悦纳、自我胜任和整体自尊水平均显著高于对照组。在实验组中，三项指标的中测得分均非常显著地高于前测，后测得分均非常显著地高于前测和中测。在对照组中，自我悦纳和自我胜任的后测得分非常显著地高于前测，整体自尊的后测得分显著高于前测和中测，但是中测和前测得分之间均无显著差异。总体来说，实验组学生的自我悦纳、自我胜任和整体自尊水平表现出了更快的上升趋势（表5-6）。

表5-6　研究对象自尊及认知重评变化情况

组别	时间	自我悦纳	自我胜任	自尊	认知重评
实验组（n=174）	前测	5.21 ± 0.95	4.95 ± 0.87	5.08 ± 0.79	5.07 ± 0.90
	中测	5.53 ± 0.87*##	5.28 ± 0.89**##	5.41 ± 0.78**##	5.52 ± 0.94**##
	后测	5.92 ± 0.87**##&&	5.59 ± 0.86**##&&	5.76 ± 0.75**##&&	5.94 ± 0.84**##&&
对照组（n=167）	前测	5.17 ± 1.09	4.88 ± 0.90	5.03 ± 0.91	5.06 ± 1.05
	中测	5.29 ± 0.78	4.99 ± 0.90	5.14 ± 0.79	5.16 ± 0.98
	后测	5.53 ± 0.99##	5.17 ± 0.93##	5.35 ± 0.86##&	5.28 ± 1.05

注：* 表示同对照组相比 $P<0.05$；** 表示同对照组相比 $P<0.01$；## 表示同本组前测相比 $P<0.01$；&& 表示同本组中测相比 $P<0.01$。

自尊包括对自己工具性价值和内在价值的评价，前者表现为自我胜任感，即对自身能力积极或消极的评价；后者表现为自我悦纳感，即在社会意义下对自身价值高低的评价，两者共同定义了自尊的结构[258]。可以说，自尊的提升不仅取决于个体对自我能力的认可，也取决于个体符合社会价值需求的程度。在足球运动中，一方面通过身体素质和运动技能的发展，能够有效提升个体的身体自尊和运动自我效能感，从而提升自我胜任感；另一方面，通过建立良好的人际关系，在球队中获得认可，获得自身价值定位，能够有效提升社会意义下的个人价值，从而提升自我悦纳感。

足球运动环境带来的自尊促进效果，一方面是因为其对儿童的自我胜任感起到了更好的促进作用。研究表明，身体自尊作为整体自尊的重要组成部分，能够通过体育锻炼的形式得到有效提升[259]。在本研究中，通过体能与技能相结合的训练方式，既使儿童的一般性体能和专项性体能得到了有效提升，又使儿童的足球技能得到了有效发展，从而极大地提升了实验组学生的身体自尊和运动自我效能感，更加肯定自己的能力。另一方面是因为足球运动环境更好地促进了儿童的自我悦纳感。通过构建互帮互助的班级文化和团结协作的球队文化，让儿童不论是在班级中还是在球队中都找到自己的位置，感受到存在的价值。教师和教练也努力发掘每一个儿童的优点，让儿童在集体中的价值得到充分体现，进而更加肯定自己的社会价值。

二、足球运动环境对儿童认知重评的影响

在认知重评上，组别 × 时间交互效应非常显著 [$F_{(2, 130)} = 15.465$，$P<0.01$]。进一步简单效应分析发现，在前测时，实验组与对照组的认知重评水平不存在显著差异，说明具有同质性。而在中测和后测时，实验组的认知重评水平均非常显著地高于对照组。在实验组中，认知重评的中测得分非常显著地高于前测，后测得分非常显著地高于前测和中测。对照组在三次测试中，认知重评水平之间均无显著差异。总体来说，实验组学生的认知重评水平表现出了更快的上升趋势（表5-6）。

认知重评作为一项重要的情绪调节策略，能通过对潜在情绪诱发情境的认知重构来改变当前情绪的影响。同表达抑制策略和中性控制相比，它能够减少负性情绪的外在和生理表达。足球运动的有氧运动特征以及丰富的情绪体验，为情绪调节能力的改善创造了条件。有研究发现，有氧运动能够对女性悲伤情绪调节的神经效率以及情绪控制能力的恢复产生有益影响[260]。本研究同样发现，足球运动环境中的儿童表现出了一般体育锻炼环境中的儿童所没有的认知重评提升趋势。

情绪调节神经环路系统和执行功能神经环路系统的重叠性及交互影响，使执行功能成为影响情绪调节的潜在机制。因此，实验组学生在认知重评上表现出的显著提高，一方面可能与足球运动环境中包含的大量能够改善执行功能的训练元素有关。例如，通过非优势腿的颠球、传球练习，破除优势腿的习惯性技术动作，发展抑制功能；通过将数字与技战术内容相对应的形式，锻炼学生根据数字记忆提取练习动作的能力，发展刷新功能；通过颠球、运球、射门等多技术的组合练习，锻炼学生不同技术动作间的切换能力，发展转换功能。这些针对性的练习既提高了儿童的练习兴趣，又对执行功能产生了良好的促进作用，从而提高了儿童的情绪调节能力。另一方面，其还可能与足球运动环境中大量的积极引导有关。例如，在学生出现畏难情绪时，引导孩子不断给自己打气，增强克服困难的信心；当比赛或考试前出现紧张情绪时，则引导孩子放松精神，以恢复平静。正如其他研究中发现的那样，正向引导可以通过增强认知重评来促进情绪调节[261]。本研究中对儿童的积极引导也获得了良好的认知重评促进效果。

第四节　足球运动环境对儿童社会适应的影响

取得良好的学习成绩、拥有和谐的家庭环境、建立积极的同伴关系，构成了小学阶段最主要的社会适应任务。本节内容从学习适应、家庭适应和人际适应这三项较为重要的社会适应维度入手，综合评价足球运动环境对儿童社会适应的促进作用，并结合足球运动环境的特点对其影响儿童社会适应的可能原因进行分析。

一、足球运动环境对儿童学习适应的影响

在学习适应上，组别 × 时间交互效应非常显著 [$F_{(2, 130)} = 10.099$，$P<0.01$]。进一步简单效应分析发现，在前测和中测时，实验组与对照组的学习适应水平均不存在显著差异。而在后测时，实验组的学习适应水平非常显著地高于对照组。在实验组中，学习适应的中测得分显著高于前测，后测得分非常显著地高于前测和中测。对照组后测得分显著高于前测，但前测和中测得分，以及后测和中测得分之间并无显著差异。总体来说，实验组学生的学习适应水平表现出了更快的上升趋势 (表5-7)。

表 5-7　研究对象社会适应水平变化情况

组别	时间	学习适应	家庭适应	人际适应	社会适应
实验组 (n=174)	前测	5.41 ± 0.77	5.69 ± 0.87	5.18 ± 0.80	5.39 ± 0.64
	中测	5.64 ± 0.76#	5.95 ± 0.82**#	5.52 ± 0.84**##	5.66 ± 0.67**##
	后测	6.08 ± 0.68**##&&	6.26 ± 0.72**##&&	5.69 ± 0.81**##	5.99 ± 0.60**##&&
对照组 (n=167)	前测	5.38 ± 0.85	5.54 ± 1.11	5.09 ± 0.92	5.32 ± 0.76
	中测	5.49 ± 0.84	5.58 ± 0.81	5.20 ± 0.90	5.42 ± 0.74
	后测	5.61 ± 0.95#	5.77 ± 0.82#	5.30 ± 0.92	5.55 ± 0.76#

注：** 表示同对照组相比 $P<0.01$；# 表示同本组前测相比 $P<0.05$；## 表示同本组前测相比 $P<0.01$；&& 表示同本组中测相比 $P<0.01$。

文化课学习是儿童的首要任务，学习成绩也是家长和教师们关注的首要问题。儿童能否保持良好的学习成绩决定了家长对其参加课外体育训练的支持度。而对学习环境的适应、对教师教学风格的适应以及对学习任务的执行力，直接影响了儿童学习成绩的高低，这就使得对儿童学习适应的培养尤为重要。已有研究表明，在学习适应方面，有氧运动能够对儿童的认知功能、学业成就、行为和社会心理功能产生良好的促进作用 [262]。这主要得益于有氧运动对儿童执行功能、记忆力和注意力的改善。

学习适应受到多种因素的影响，除了个体内部因素外，来自外部的环境因素也

十分重要。首先是学习时间。这也是一直以来学训矛盾的焦点所在。不可否认，如果学习时间大量被体育训练占用，势必会影响学习成绩。因此，在本研究的足球运动环境中，将足球班每周4次的训练时间均安排在下午体育课、阳光体育活动和部分放学后的时间进行，不占用正常的文化课学习时间。其次是教师的教学方式。教师的严格要求和有效的教学策略是提高学习成绩的保障。在分散管理的体育特长生培养模式下，体育特长生在班级中属于少数群体，往往得不到教师的有效帮助。因此，在本研究的足球运动环境中，以集中编班的形式进行管理，并配备具有丰富教学经验的教师担任班主任和任课教师，从而能够针对足球班学生的特点，制订有效的班级管理与学习方案，提升学习成绩。

另外，足球运动带来的认知功能促进效益，也使得儿童在学习时具备了更好的记忆力和专注度，在有限的时间内提高学习效率。针对小学阶段学业负担较轻的特点，参加足球训练不仅不会影响学习，反而会提高学生的学习适应水平。事实上，根据各试点学校的反馈，所有足球实验班的考试成绩均位于年级上游水平，进一步支持了科学的体育锻炼能够促进学业水平提高的研究观点。

二、足球运动环境对儿童家庭适应的影响

在家庭适应上，组别 × 时间交互效应非常显著 $[F_{(2, 130)} = 10.336, P<0.01]$。进一步简单效应分析发现，在前测时，实验组与对照组的家庭适应水平不存在显著差异，说明具有同质性。而在中测和后测时，实验组的家庭适应水平均非常显著地高于对照组。在实验组中，家庭适应的中测得分显著高于前测，后测得分非常显著地高于前测和中测。对照组后测得分显著高于前测，但前测和中测，以及后测和中测之间并无显著差异。总体来说，实验组学生的家庭适应水平表现出了更快的上升趋势（表5-7）。

家庭环境是除了学校以外儿童接触最多的环境。和谐的家庭环境、亲子之间良好的沟通交流，是避免儿童出现心理健康问题、形成健全人格、促进儿童健康快乐成长的重要保障。可以说，良好的家庭适应是孩子适应学校环境和社会大环境的基础。已有研究发现，在建立和谐家庭关系方面，体育运动发挥着独特作用，家庭成员的共同运动参与能够有效提升亲子关系。同时，亲子之间的相互鼓励也是高度互惠的，良好的亲子关系和共同的运动参与之间有着积极联系[263]。

实验组学生之所以表现出了更好的家庭适应发展水平，主要是因为足球运动环境重点解决了影响儿童家庭适应发展的三大因素。第一，在足球运动环境中强调"学好习，踢好球"，对学习成绩紧抓不放，必要时还会对部分学习出现问题的学生停训补习，优先保证学习成绩。这一做法有效消除了家长对孩子学习成绩的担忧，

不会因为学习问题造成亲子关系紧张。第二，在足球运动环境中重视对父母教育理念的灌输，通过微信群、QQ群、家长会等家校合作平台，不断加强对父母的运动与健康教育，让父母认识到足球运动对孩子全面发展的积极意义，从而更加愿意让孩子参与足球运动，尊重孩子的兴趣，营造更加宽松、自由的成长与交流环境。第三，借助足球运动搭建亲子间的交流平台，通过训练开放日、亲子足球嘉年华，以及父母陪伴孩子参加比赛等形式，增加亲子之间的交流机会。通过共同的运动参与，既增进了亲子之间的感情，又能够帮助孩子正确面对训练和比赛过程中的困难与失败，从而构建更加幸福和谐的家庭关系，增强家庭适应。

三、足球运动环境对儿童人际适应的影响

在人际适应上，组别 × 时间交互效应非常显著 $[F_{(2, 130)} = 8.063，P<0.01]$。进一步简单效应分析发现，在前测时，实验组与对照组的人际适应水平不存在显著差异，说明具有同质性。而在中测和后测时，实验组的人际适应水平均非常显著地高于对照组。在实验组中，人际适应的中测得分和后测得分均非常显著地高于前测，但中测和后测之间并无显著差异。对照组在三次测试中，人际适应水平相互之间均无显著差异。总体来说，实验组学生的人际适应水平表现出了更快的上升趋势（表5-7）。

同伴是除了父母以外儿童接触最多的人群，而且随着儿童自主性越来越强，对父母的依赖逐渐减弱，更多的是在与同伴的互动过程中寻求行为和社交的发展。同伴遵从作为儿童社会性发展的重要外在压力，对儿童亲社会行为和反社会行为的形成均有着重要影响[264]。儿童能否形成良好的人际交流能力以及团结合作意识，直接决定了其踏入社会后的适应水平。已有研究表明，体育运动，特别是以足球运动为代表的团队运动，在人际关系的促进上有着积极作用，主要表现为能够使参与者获得更多的社会资本[265]。

实验组学生之所以表现出更好的人际适应水平，主要是因为足球运动的团队特征属性。同跑步、跳绳等个人运动项目相比，足球运动更加强调人与人之间的沟通和配合。在足球运动的过程中，人与人之间的交流十分频繁，经常要通过语言、手势、眼神传递信息，完成技战术配合，这种团队协作的运动模式能够有效增进同伴之间的亲近感。通过足球运动还能够结识更多的朋友，并建立和谐、友爱、团结的人际关系。因此，在足球运动环境中，特别强调学生团队意识和沟通能力的培养，树立集体荣誉感，学会如何通过团队协作完成学习与比赛任务，从而培养了儿童良好的人际适应能力。

总体来说，与只参加一般性学校体育活动的儿童相比，足球实验班的儿童表现

出了更好的学习适应、家庭适应和人际适应发展特征，进而促进了其在社会适应上的更快提升。这与足球运动环境对学训矛盾的解决，以及亲子之间、同伴之间交流互动平台的建立密不可分。

第五节　足球运动环境产生效果的可能路径

虽然第三章的研究已经发现，不论是经常参与足球运动的儿童还是没有规律锻炼习惯的儿童，体育锻炼的坚持情况不仅能够直接预测他们的社会适应水平，还能够通过体能、认知重评和自尊的简单中介作用，以及体能与自尊及认知重评与自尊的链式中介作用预测社会适应水平，但是基于横断面调查数据所得出的结论并不能严格证明各变量间的因果关系。因此，本节研究进一步通过实验干预的方式，对各观测指标变化量之间的关系进行探讨，从而更严谨地揭示足球运动环境促进儿童体质健康的可能作用路径。

一、研究指标变化量间的相关性

研究对象一般性体能和专项体能变化量同锻炼坚持、自尊、认知重评和社会适应变化之间的相关性情况如表5-8至表5-10所示。

综合来看，在实验组和对照组中，儿童锻炼坚持水平的提升同大部分一般性和专项体能的改善都存在显著的正相关。但是实验组的相关密切程度要高于对照组，特别是在锻炼坚持与最大摄氧量的关系上，实验组相关非常显著，而对照组则无显著相关。这可能是因为实验组儿童的锻炼坚持提升更多，而个体锻炼坚持水平的提高与心肺功能水平的提升正相关。这也提示足球运动由于具有运动强度大、持续时间长、趣味性高的特点，能够比一般性的身体素质锻炼在最大摄氧量上带来更全面的促进效果。

在锻炼坚持水平变化与自尊和社会适应变化的相关性上，实验组儿童的相关密切程度要高于对照组。并且在锻炼坚持变化与认知重评变化的关系上，实验组同样表现出了显著的正相关，而对照组虽然在大样本测量时表现出了显著的相关性，但密切程度较低，并且随着样本数的减少显著性也消失。这可能与干预过程中对照组认知重评的变化不显著有关。这一研究发现进一步支持了前期的研究结论，即更多的运动参与能够促进儿童自尊和社会适应发展[266]。这也提示我们，足球运动环境由于情绪体验的多样性和教师有针对性的引导，相比一般性的体育锻炼，能够在情绪调节方面产生更有效的促进作用。

　　在一般性体能和专项体能变化与自尊、认知重评和社会适应变化的关系上，实验组都表现出了显著的相关性。而在对照组中，一般性体能的提升与自尊、社会适应的改善显著相关，与认知重评的变化相关不显著。专项体能变化与自尊、认知重评、社会适应变化的相关都不显著。这可能是因为当前小学阶段的体育锻炼内容主要还集中在50米跑、仰卧起坐、跳绳等体质健康测试项目，而与运动专项相结合的专项体能锻炼较少。同时，在教学过程中对儿童情绪调节能力的培养也相对缺乏。

表5-8　一般性体能与量表测试得分变化量的相关性

组别	变量	1	2	3	4	5	6	7
实验组 (n=174)	1.Δ50米跑	1						
	2.Δ仰卧起坐	-0.273**	1					
	3.Δ跳绳	-0.386**	0.251**	1				
	4.Δ锻炼坚持	-0.461**	0.418**	0.458**	1			
	5.Δ自尊	-0.372**	0.284**	0.305**	0.313**	1		
	6.Δ认知重评	-0.236**	0.193*	0.234**	0.330**	0.282**	1	
	7.Δ社会适应	-0.392**	0.340**	0.343**	0.404**	0.336**	0.393**	1
对照组 (n=167)	1.Δ50米跑	1						
	2.Δ仰卧起坐	-0.319**	1					
	3.Δ跳绳	-0.178*	0.193*	1				
	4.Δ锻炼坚持	-0.380**	0.352**	0.364**	1			
	5.Δ自尊	-0.253**	0.261**	0.261**	0.272**	1		
	6.Δ认知重评	-0.069	0.071	0.043	0.153*	0.140	1	
	7.Δ社会适应	-0.257**	0.298**	0.227**	0.341**	0.408**	0.172*	1

注: * 表示 $P<0.05$；** 表示 $P<0.01$；Δ 值为后测成绩－前测成绩。

　　在认知重评的变化同自尊与社会适应的变化之间，以及自尊的变化同社会适应的变化之间，实验组均存在非常显著的相关性。而在对照组中，自尊的变化同社会适应的变化之间也存在非常显著的相关性；而认知重评的变化与社会适应的变化之间虽然存在显著的相关性，但密切程度较弱，随着样本量的减少，这一相关性也不再显著；认知重评的变化同自尊的变化间则没有显著的相关性。

表5-9　实验组专项体能与量表测试得分变化量的相关性（$n=110$）

变量	1	2	3	4	5	6	7	8	9	10	11
1.∆深蹲	1										
2.∆纵跳	0.337**	1									
3.∆反应	-0.191*	-0.260**	1								
4.∆平衡	0.261**	0.237*	-0.269**	1							
5.∆步速	0.262**	0.317**	-0.207*	0.238*	1						
6.∆折返	-0.179	-0.247**	0.420**	-0.211*	-0.206*	1					
7.∆摄氧	0.351**	0.248**	-0.245**	0.331**	0.354**	-0.164	1				
8.∆坚持	0.479**	0.518**	-0.408**	0.450**	0.459**	-0.348**	0.482**	1			
9.∆自尊	0.362**	0.228*	-0.234*	0.357**	0.351**	-0.241*	0.359**	0.373**	1		
10.∆重评	0.260**	0.230*	-0.064	0.326**	0.413**	-0.251**	0.307**	0.335**	0.315**	1	
11.∆适应	0.349**	0.339**	-0.336**	0.389**	0.394**	-0.363**	0.406**	0.429**	0.385**	0.470**	1

注：* 表示 $P<0.05$；** 表示 $P<0.01$；∆ 值为后测成绩—前测成绩。

表5-10　对照组专项体能与量表测试得分变化量的相关性（$n=59$）

变量	1	2	3	4	5	6	7	8	9	10	11
1.∆深蹲	1										
2.∆纵跳	0.217	1									
3.∆反应	-0.173	-0.05	1								
4.∆平衡	0.204	0.241	-0.175	1							
5.∆步速	0.108	0.018	-.383**	0.290*	1						
6.∆折返	-0.115	-0.017	0.320*	-0.385**	-0.403**	1					
7.∆摄氧	-0.189	-0.039	-0.135	0.007	0.072	-0.189	1				
8.∆坚持	0.430**	0.289*	-0.295*	0.304*	0.359**	-0.453**	0.174	1			
9.∆自尊	0.213	0.275*	-0.175	0.219	0.230	-0.318*	0.155	0.345**	1		
10.∆重评	-0.031	0.155	-0.063	0.097	0.186	-0.221	0.013	0.091	0.234	1	
11.∆适应	0.253	0.273*	-0.224	0.153	0.248	-0.172	0.206	0.348**	0.370**	0.160	1

注：* 表示 $P<0.05$；** 表示 $P<0.01$；∆ 值为后测成绩—前测成绩。

二、认知重评与自尊变化的作用

本研究以参加全部量表测试的儿童为样本，以锻炼坚持的变化量为自变量，以社会适应的变化量为因变量，以认知重评和自尊的变化量为中介变量，在PROCESS中使用model6构建如图5-1所示的结构方程模型，进行中介效应检验，Bootstrap为

1000 次。

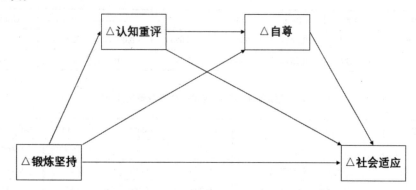

图 5-1　锻炼坚持—认知重评—自尊—社会适应的结构方程模型概念图

如表 5-11 和 5-12 所示，在实验组中，认知重评—自尊链式中介模型总效应的 95% 置信区间不包含 0，且 $P<0.01$，说明锻炼坚持变化对社会适应变化影响的总效应显著。坚持→重评→适应和坚持→自尊→适应两个简单中介模型的 95% 置信区间不包含 0，说明认知重评的变化和自尊的变化在锻炼坚持与社会适应变化之间的中介效应显著。坚持→重评→自尊→适应链式中介模型的 95% 置信区间不包含 0，说明认知重评和自尊变化的链式中介效应显著。同时，坚持→适应直接效应的 95% 置信区间也不包含 0，且 $P<0.01$，说明模型直接效应显著。综上所述，认知重评和自尊的变化在锻炼坚持和社会适应的变化之间分别起着部分中介效应，且认知重评和自尊的变化还存在链式中介效应。

在对照组中，自尊的变化同样起着部分中介效应。而认知重评变化的中介效应以及认知重评和自尊变化链式中介效应的 95% 置信区间均包含 0，说明中介效应不显著。这一差异主要与对照组在实验过程中认知重评的变化不显著有关。

同时，在结构方程模型的总效应量、直接效应量和间接效应量上，实验组都大于对照组。这说明对于足球运动环境中的儿童来说，锻炼坚持、认知重评和自尊的变化能够更多地解释社会适应的发展，并且在实验组中锻炼坚持能够通过改变认知重评和自尊共同影响社会适应，而在对照组中则主要通过改变自尊这一条路径影响社会适应。

表 5-11　认知重评—自尊链式中介模型总效应与直接效应检验

组别	模型	Effect	SE	t	P	LLCI	ULCI
实验组（*n*=174）	总效应	0.278	0.048	5.796	0.000	0.183	0.373
	直接效应	0.181	0.049	3.673	0.000	0.084	0.279

续表

组别	模型	Effect	SE	t	P	LLCI	ULCI
对照组 (*n*=167)	总效应	0.222	0.048	4.653	0.000	0.128	0.316
	直接效应	0.154	0.047	3.293	0.001	0.062	0.247

表5-12　认知重评—自尊链式中介模型间接效应检验

组别	模型	Effect	Boot SE	BootLLCI	BootULCI
实验组 (*n*=174)	坚持→适应	0.097	0.028	0.049	0.164
	坚持→重评→适应	0.058	0.022	0.023	0.110
	坚持→重评→自尊→适应	0.008	0.005	0.002	0.023
	坚持→自尊→适应	0.031	0.016	0.008	0.072
对照组 (*n*=167)	坚持→适应	0.068	0.022	0.028	0.115
	坚持→重评→适应	0.009	0.010	-0.002	0.041
	坚持→重评→自尊→适应	0.003	0.004	-0.001	0.015
	坚持→自尊→适应	0.055	0.020	0.020	0.101

　　前期研究表明，较高的规律性体育活动水平与更高的认知重评成功率和抑制控制能力相关，并与应对情绪信息时前额叶皮层较低的氧合血红蛋白含量相关。体育运动水平的增长能够通过提升儿童身体自尊的途径对整体自尊起到积极的促进作用[267]。同时，更多认知重评策略的使用也会对个体的自尊水平产生良好的促进作用。本研究中实验组的研究结果进一步支持了前期研究的结论。但是在对照组中，参加一般学校体育活动的学生在认知重评上并没有显著改善，这可能是因为认知重评作为一项情绪调节策略，需要在一定的情绪诱发情境中配合一定的专业指导才能掌握，而在一般性的体育锻炼过程中，儿童接触到的情绪体验和专业情绪调节指导较少，从而不能很好地发展认知重评能力。

三、一般性体能与自尊变化的作用

　　以参加全部量表测试和一般性体能测试的儿童为样本，以锻炼坚持的变化量为自变量，以社会适应的变化量为因变量，以50米跑、仰卧起坐、跳绳等一般性体能和自尊的变化量为中介变量，在PROCESS中使用model6构建如图5-2所示的结构方程模型，进行中介效应检验，Bootstrap为1000次。

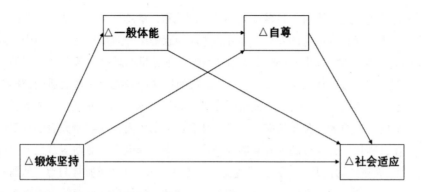

注：分别以50米跑、仰卧起坐、跳绳的前后测成绩变化量为一般性体能变量进行模型中介效应检验。

图5-2 锻炼坚持——一般性体能—自尊—社会适应的结构方程模型概念图

如表5-13和表5-14所示，在实验组中，坚持—50米跑/仰卧起坐/跳绳—自尊三个链式中介模型总效应的95%置信区间均不包含0，且 $P<0.01$，说明锻炼坚持的变化对社会适应变化影响的总效应显著。坚持→50米跑/仰卧起坐/跳绳→适应三个以一般性体能变化为中介的模型和与之对应的三个以自尊变化为中介的模型95%置信区间也均不包含0，说明冲刺能力、核心力量和协调性的变化及自尊的变化在锻炼坚持与社会适应变化间的中介效应显著。同时，坚持→50米跑/仰卧起坐/跳绳→自尊→适应链式中介模型的95%置信区间也均不包含0，说明一般性体能和自尊变化的链式中介效应显著。另外，在50米跑、仰卧起坐、跳绳三个模型中，坚持→适应直接效应的95%置信区间也均不包含0，且 $P<0.01$，说明模型直接效应显著。综上所述，一般性体能和自尊的变化在锻炼坚持和社会适应的变化之间分别起着部分中介作用，且一般性体能和自尊变化间存在链式中介效应。

在对照组中，50米跑、仰卧起坐、跳绳三个模型的总效应与直接效应的95%置信区间均不包含0，且 $P<0.01$，说明锻炼坚持的变化对社会适应变化影响的总效应和直接效应显著。50米跑和跳绳两个简单中介模型的95%置信区间均包含0，说明中介效应不显著。而50米跑→自尊和跳绳→自尊两条链式中介模型的95%置信区间均不包含0，说明链式中介效应显著，即冲刺能力和协调性的提高并不能直接影响社会适应，而是通过自尊的变化影响社会适应。

综上所述，在对照组中，自尊变化的部分中介作用同样显著，但是在一般性体能的变化上，只有核心力量存在显著的部分中介作用，并同自尊变化之间存在显著的链式中介作用，而冲刺能力和协调性则不具有显著的部分中介作用，只具有和自尊变化的链式中介作用。

同时，在三个结构方程模型的总效应量、直接效应量和间接效应量上，实验组都大于对照组。这说明对于足球运动环境中的儿童，锻炼坚持、体能、自尊的变化能够更多地解释社会适应的发展。另外，体能因素的中介效应比在实验组中分别为50米跑23.7%、仰卧起坐17.6%和跳绳18.0%，在对照组具有显著中介作用的仰卧起坐模型里中介效应比为14.9%。这一方面说明快速冲刺能力对社会适应的影响要高于核心力量和协调性，另一方面说明在经常参与足球运动的儿童中，体能因素对社会适应的影响更大。关于体能、自尊与社会适应的关系，前期研究表明，整体自尊、学业自尊和社会自尊的提升能够预测抑郁水平的降低和学业适应及社会适应的提升[268]。而体能的提升一方面会通过提升身体自尊的形式改善整体自尊，从而间接地影响社会适应，另一方面也会通过改善心理弹性、降低应激反应等方式直接促进社会适应。本研究的发现也进一步支持了前期研究结论。在实验组中，体能变化既可以直接促进社会适应的提升，又可以通过和自尊变化的链式中介作用影响社会适应。而在对照组中，体能变化更多的是通过提升自尊来影响社会适应。这种差异可能是因为足球运动环境为儿童提供了更有利于体能和社会适应发展的运动环境，从而在运动参与的过程中实现了体能与社会适应的同步发展。而参与一般性体育锻炼的儿童，由于体能改善幅度相对较小，获得的身心健康促进效益也相对有限。同时，在运动过程中，所接触的社会适应促进环境也较少，从而体能的发展并不能直接影响社会适应。

表5-13 一般性体能—自尊链式中介模型总效应与直接效应检验

组别	模型		Effect	SE	t	P	LLCI	ULCI
实验组 (*n*=174)	50米跑	总效应	0.278	0.048	5.796	0.000	0.183	0.373
		直接效应	0.173	0.053	3.298	0.001	0.070	0.277
	仰卧起坐	总效应	0.278	0.048	5.796	0.000	0.183	0.373
		直接效应	0.186	0.052	3.560	0.001	0.083	0.289
	跳绳	总效应	0.278	0.048	5.796	0.000	0.183	0.373
		直接效应	0.184	0.053	3.465	0.001	0.079	0.289
对照组 (*n*=167)	50米跑	总效应	0.222	0.048	4.653	0.000	0.128	0.316
		直接效应	0.141	0.049	2.863	0.005	0.044	0.239
	仰卧起坐	总效应	0.222	0.048	4.653	0.000	0.128	0.316
		直接效应	0.133	0.049	2.747	0.007	0.038	0.229
	跳绳	总效应	0.222	0.048	4.653	0.000	0.128	0.316
		直接效应	0.150	0.049	3.045	0.003	0.053	0.247

表5-14　一般性体能—自尊链式中介模型间接效应检验

组别		模型	Effect	Boot SE	BootLLCI	BootULCI
实验组 (*n*=174)	50米跑	坚持→适应	0.105	0.028	0.055	0.164
		坚持→50米跑→适应	0.066	0.025	0.019	0.121
		坚持→50米跑→自尊→适应	0.017	0.008	0.005	0.039
		坚持→自尊→适应	0.022	0.014	0.001	0.054
	仰卧起坐	坚持→适应	0.093	0.029	0.045	0.164
		坚持→起坐→适应	0.049	0.023	0.011	0.108
		坚持→起坐→自尊→适应	0.011	0.006	0.002	0.028
		坚持→自尊→适应	0.033	0.017	0.008	0.075
	跳绳	坚持→适应	0.094	0.034	0.034	0.171
		坚持→跳绳→适应	0.050	0.028	0.001	0.114
		坚持→跳绳→自尊→适应	0.013	0.008	0.003	0.038
		坚持→自尊→适应	0.031	0.017	0.007	0.076
对照组 (n=167)	50米跑	坚持→适应	0.081	0.031	0.020	0.143
		坚持→50米跑→适应	0.023	0.023	-0.025	0.067
		坚持→50米跑→自尊→适应	0.014	0.009	0.002	0.039
		坚持→自尊→适应	0.044	0.020	0.011	0.090
	仰卧起坐	坚持→适应	0.089	0.028	0.039	0.153
		坚持→起坐→适应	0.033	0.020	0.001	0.087
		坚持→起坐→自尊→适应	0.014	0.007	0.003	0.035
		坚持→自尊→适应	0.042	0.019	0.010	0.086
	跳绳	坚持→适应	0.072	0.026	0.027	0.128
		坚持→跳绳→适应	0.014	0.016	-0.014	0.050
		坚持→跳绳→自尊→适应	0.015	0.008	0.002	0.035
		坚持→自尊→适应	0.044	0.020	0.012	0.091

四、专项体能与自尊变化的作用

以参加全部量表和专项体能测试的儿童为样本，以锻炼坚持的变化量为自变量，以社会适应的变化量为因变量，以各专项体能和自尊的变化量为中介变量，在PROCESS中使用model6构建如图5-3所示的结构方程模型，进行中介效应检验，Bootstrap为1000次。

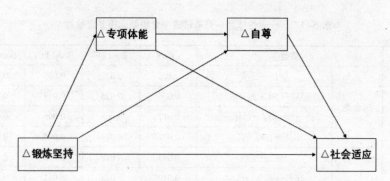

注：分别以深蹲跳、纵跳、反应时、平衡、步速、随机折返跑、最大摄氧量的前后测成绩变化量为专项体能变量进行模型中介效应检验。

图5-3   锻炼坚持—专项体能—自尊—社会适应的结构方程模型概念图

如表5-15和表5-16所示，在实验组中，平衡、步速、灵敏和最大摄氧量等专项体能的变化和自尊的变化在锻炼坚持和社会适应的变化之间分别起着部分中介作用，且深蹲跳、平衡、步速、最大摄氧量和自尊的变化间还存在链式中介效应。

如表5-15和表5-17所示，在对照组中，锻炼坚持—专项体能—自尊—社会适应的链式中介结构方程模型不成立，锻炼坚持的变化对社会适应的影响主要依赖于自尊的变化，且表现为完全中介作用，专项体能变化的中介效应不显著。

另外，实验组中四项体能指标的中介效应比依次为20.1%、21.3%、17.2%和23.5%，说明有氧能力对社会适应的影响最大，进一步支持了前期研究所发现的有氧能力对于个体身心健康和社会适应的重要意义[269]。这也提示我们发展有氧能力对于儿童健康成长十分重要。

而在对照组中，所有专项体能的变化均没有显著的中介作用，与自尊变化的链式中介作用也都不显著，这说明在对照组中锻炼坚持主要通过对自尊的改善作用来影响社会适应的发展。这可能是因为对照组儿童接触的专项体能训练较少，不论是在专项体能提高幅度还是在对专项体能的重视程度上都相对较低，无法起到对自尊和社会适应的显著促进作用。

综上所述，通过实验干预的方式，本研究发现，体能、认知重评、自尊和社会适应基线水平相似的儿童，经过足球运动环境影响，儿童锻炼坚持的变化既能够通过体能、认知重评和自尊变化的部分中介作用影响社会适应，还能够通过体能与自尊以及认知重评与自尊的链式中介作用影响社会适应。而只参加一般学校体育活动的儿童，锻炼坚持的变化更多的是通过自尊变化的中介作用以及一般性体能和自尊变化的链式中介作用影响社会适应，而认知重评和专项体能的中介作用并不显著。

这一方面从因果关系的角度验证了第三章节研究中提出的锻炼坚持—认知重

评/体能—自尊—社会适应结构方程模型在参与足球运动儿童中的正确性，另一方面也体现了足球运动环境比一般性体育锻炼环境的优势之处，即能够对专项体能和认知重评能力产生更全面的促进作用，进而提升社会适应。

表5-15　专项体能—自尊链式中介模型总效应与直接效应检验

组别	模型		Effect	SE	t	P	LLCI	ULCI
实验组 (*n*=110)	深蹲跳	总效应	0.268	0.055	4.894	0.000	0.160	0.377
		直接效应	0.175	0.062	2.811	0.006	0.051	0.298
	连续纵跳	总效应	0.268	0.055	4.894	0.000	0.160	0.377
		直接效应	0.161	0.065	2.487	0.015	0.033	0.289
	反应时	总效应	0.268	0.055	4.894	0.000	0.160	0.377
		直接效应	0.168	0.061	2.780	0.007	0.048	0.288
	平衡	总效应	0.268	0.055	4.894	0.000	0.160	0.377
		直接效应	0.163	0.061	2.691	0.008	0.043	0.283
	步速	总效应	0.268	0.055	4.894	0.000	0.160	0.377
		直接效应	0.160	0.061	2.629	0.010	0.039	0.280
	折返跑	总效应	0.268	0.055	4.894	0.000	0.160	0.377
		直接效应	0.167	0.058	2.867	0.005	0.052	0.283
	最大摄氧量	总效应	0.268	0.055	4.894	0.000	0.160	0.377
		直接效应	0.155	0.061	2.521	0.013	0.033	0.277
对照组 (*n*=59)	深蹲跳	总效应	0.266	0.095	2.803	0.007	0.076	0.455
		直接效应	0.159	0.106	1.490	0.142	-0.055	0.372
	连续纵跳	总效应	0.266	0.095	2.803	0.007	0.076	0.455
		直接效应	0.167	0.100	1.677	0.099	-0.033	0.368
	反应时	总效应	0.266	0.095	2.803	0.007	0.076	0.455
		直接效应	0.168	0.101	1.663	0.102	-0.035	0.371
	平衡	总效应	0.266	0.095	2.803	0.007	0.076	0.455
		直接效应	0.187	0.102	1.842	0.071	-0.017	0.391
	步速	总效应	0.266	0.095	2.803	0.007	0.076	0.455
		直接效应	0.164	0.103	1.598	0.116	-0.042	0.371
	折返跑	总效应	0.266	0.095	2.803	0.007	0.076	0.455
		直接效应	0.203	0.107	1.901	0.063	-0.011	0.417
	最大摄氧量	总效应	0.266	0.095	2.803	0.007	0.076	0.455
		直接效应	0.178	0.099	1.806	0.076	-0.020	0.375

表5-16 实验组专项体能—自尊链式中介模型间接效应检验

组别	模型		Effect	Boot SE	BootLLCI	BootULCI
实验组 (*n*=110)	深蹲跳	坚持→适应	0.094	0.042	0.024	0.197
		坚持→深蹲跳→适应	0.039	0.029	-0.010	0.106
		坚持→深蹲跳→自尊→适应	0.017	0.010	0.004	0.048
		坚持→自尊→适应	0.038	0.022	0.006	0.098
	连续纵跳	坚持→适应	0.107	0.045	0.028	0.202
		坚持→纵跳→适应	0.048	0.033	-0.009	0.117
		坚持→纵跳→自尊→适应	0.004	0.009	-0.011	0.027
		坚持→自尊→适应	0.055	0.027	0.014	0.122
	反应时	坚持→适应	0.100	0.042	0.032	0.202
		坚持→反应时→适应	0.043	0.033	-0.010	0.122
		坚持→反应时→自尊→适应	0.006	0.008	-0.003	0.033
		坚持→自尊→适应	0.051	0.027	0.011	0.128
	平衡	坚持→适应	0.105	0.037	0.043	0.190
		坚持→平衡→适应	0.054	0.028	0.008	0.116
		坚持→平衡→自尊→适应	0.015	0.009	0.002	0.044
		坚持→自尊→适应	0.036	0.021	0.005	0.089
	步速	坚持→适应	0.108	0.040	0.046	0.201
		坚持→步速→适应	0.057	0.031	0.008	0.130
		坚持→步速→自尊→适应	0.014	0.009	0.002	0.040
		坚持→自尊→适应	0.037	0.022	0.006	0.097
	折返跑	坚持→适应	0.101	0.041	0.033	0.193
		坚持→灵敏→适应	0.046	0.027	0.007	0.112
		坚持→灵敏→自尊→适应	0.006	0.007	-0.001	0.026
		坚持→自尊→适应	0.048	0.024	0.012	0.115
	最大摄氧量	坚持→适应	0.113	0.044	0.047	0.218
		坚持→摄氧量→适应	0.063	0.030	0.012	0.132
		坚持→摄氧量→自尊→适应	0.015	0.010	0.002	0.043
		坚持→自尊→适应	0.035	0.022	0.006	0.097

表5-17　对照组专项体能－自尊链式中介模型间接效应检验

组别	模型		Effect	Boot SE	BootLLCI	BootULCI
对照组 (*n*=59)	深蹲跳	坚持→适应	0.107	0.064	-0.001	0.249
		坚持→深蹲跳→适应	0.034	0.054	-0.054	0.166
		坚持→深蹲跳→自尊→适应	0.007	0.011	-0.009	0.039
		坚持→自尊→适应	0.066	0.040	0.009	0.172
	连续纵跳	坚持→适应	0.098	0.051	0.014	0.215
		坚持→纵跳→适应	0.031	0.028	-0.014	0.100
		坚持→纵跳→自尊→适应	0.011	0.011	0.000	0.055
		坚持→自尊→适应	0.057	0.039	0.007	0.173
	反应时	坚持→适应	0.097	0.055	0.016	0.241
		坚持→反应时→适应	0.025	0.033	-0.022	0.118
		坚持→反应时→自尊→适应	0.005	0.009	-0.006	0.038
		坚持→自尊→适应	0.068	0.040	0.011	0.175
	平衡	坚持→适应	0.078	0.054	-0.003	0.215
		坚持→平衡→适应	0.004	0.031	-0.045	0.088
		坚持→平衡→自尊→适应	0.008	0.013	-0.003	0.061
		坚持→自尊→适应	0.066	0.038	0.009	0.172
	步速	坚持→适应	0.101	0.052	0.017	0.230
		坚持→步速→适应	0.030	0.041	-0.035	0.143
		坚持→步速→自尊→适应	0.009	0.012	-0.002	0.051
		坚持→自尊→适应	0.062	0.039	0.010	0.172
	灵敏	坚持→适应	0.063	0.058	-0.033	0.192
		坚持→灵敏→适应	-0.014	0.044	-0.094	0.081
		坚持→灵敏→自尊→适应	0.020	0.020	-0.004	0.081
		坚持→自尊→适应	0.056	0.037	0.003	0.158
	最大摄氧量	坚持→适应	0.088	0.049	0.007	0.205
		坚持→摄氧量→适应	0.016	0.026	-0.015	0.121
		坚持→摄氧量→自尊→适应	0.004	0.007	-0.002	0.035
		坚持→自尊→适应	0.068	0.038	0.012	0.167

第六节 足球运动环境作用效果的分层现象

在体育教学和训练过程中，儿童在运动能力和心理品质上的差异性发展一直以来都是体育工作者们必须面对的问题。本节研究从体能、心理和社会适应发展三方面综合分析参与研究的儿童在一学年的教育实验过程中体质健康的分层发展现象，并对造成这一现象的可能原因进行分析。

一、体能发展的分层现象

以27和73百分位数对研究对象各项体能指标的前后测试成绩变化量进行分组，并进行高变化量组和低变化量组的差异性检验。如表5-18所示，在各项体能指标的变化量上，不同组别中高变化量组和低变化量组之间均存在非常显著的差异（P均小于0.001）。说明不论是在足球运动环境中还是在普通运动环境中，儿童体能的提高幅度都存在显著差异。

同时，为了进一步排除儿童主观训练努力程度对各观测指标变化幅度的影响，本研究根据带队体育教师的打分，将参加所有测试的110名实验组学生按照在日常学习与训练中的综合表现情况分为很好、较好、一般三个等级，并采用如前所述的方法进行第一等级学生的体能变化分层情况检验，发现在各项体能指标的变化量上，高变化量组和低变化量组之间均存在非常显著的差异（P均小于0.001）。说明在足球运动环境中，即使综合表现很好的学生，在体能的提高幅度上的显著差异依然存在。

表 5-18　不同组别体能变化幅度的差异性检验

组别	变量	27% 到最低		73% 到最高		t 值	P
		n	M ± SD	n	M ± SD		
实验组	Δ50 米 /s	47	-1.00 ± 0.21	47	0.26 ± 0.39	-19.420	0.000
	Δ仰卧起坐 / 个	59	0.37 ± 4.00	59	13.32 ± 3.53	-18.667	0.000
	Δ跳绳 / 个	50	4.00 ± 6.14	48	34.60 ± 6.66	-23.648	0.000
	Δ深蹲跳 /cm	29	0.62 ± 1.84	30	7.88 ± 1.13	-18.141	0.000
	Δ纵跳 /cm	29	-0.51 ± 1.86	29	8.52 ± 1.86	-18.475	0.000
	Δ反应时 /s	31	-0.21 ± 0.06	32	-0.03 ± 0.10	-9.763	0.000
	Δ平衡 /s	29	1.34 ± 2.13	29	16.56 ± 4.27	-17.156	0.000
	Δ步速 /步·min^{-1}	29	16.84 ± 23.62	29	131.28 ± 22.15	-19.026	0.000
	Δ灵敏 /s	29	-2.61 ± 1.04	29	0.00 ± 0.48	-12.250	0.000
	Δ最大摄氧量 /ml·kg^{-1}·min^{-1}	29	0.85 ± 0.88	30	4.49 ± 0.77	-16.906	0.000

续表

组别	变量	27% 到最低		73% 到最高		t 值	P
		n	M ± SD	n	M ± SD		
对照组	Δ50 米 /s	46	-0.62 ± 0.22	51	0.23 ± 0.23	-18.463	0.000
	Δ仰卧起坐 / 个	50	-1.38 ± 2.56	55	10.65 ± .71	-19.472	0.000
	Δ跳绳 / 个	50	0.80 ± 5.02	46	28.80 ± 8.07	-20.202	0.000
	Δ深蹲跳 /cm	16	-1.48 ± 2.77	16	4.78 ± 1.75	-7.632	0.000
	Δ纵跳 /cm	16	-1.16 ± 0.76	16	4.65 ± 1.07	-17.554	0.000
	Δ反应时 /s	17	-0.16 ± 0.03	16	0.04 ± 0.07	-11.161	0.000
	Δ平衡 /s	16	-4.18 ± 4.22	16	9.51 ± 1.90	-11.824	0.000
	Δ步速 / 步·min^{-1}	16	-3.17 ± 25.08	16	97.41 ± 20.69	-12.371	0.000
	Δ灵敏 /s	18	-1.69 ± 0.28	16	0.14 ± 0.45	-13.990	0.000
	Δ最大摄氧量 /ml·kg^{-1}·min^{-1}	16	-1.24 ± 1.05	16	2.49 ± 0.69	-11.824	0.000

二、心理发展与社会适应的分层现象

以 27 和 73 百分位数对研究对象自尊、认知重评和社会适应前后测试成绩变化量进行分组，并进行高变化量组和低变化量组的差异性检验。如表 5-19 所示，在各项指标的变化量上，不同组别中高变化量组和低变化量组之间均存在非常显著的差异（P 均小于 0.001）。说明不论是在足球运动环境中，还是在普通运动环境中，儿童自尊、认知重评和社会适应的提高幅度都存在显著差异。同时，在综合表现很好的学生中，这种差异依然存在。

表 5-19　不同组别心理发展与社会适应变化幅度的差异性检验

组别	变量	27% 到最低		73% 到最高		t 值	p
		n	M ± SD	N	M ± SD		
实验组	Δ自尊	50	-0.03 ± 0.26	47	1.46 ± 0.32	-25.216	0.000
	Δ认知重评	63	0.00 ± 0.40	53	1.92 ± 0.44	-24.836	0.000
	Δ社会适应	49	0.01 ± 0.24	52	1.21 ± 0.33	-21.341	0.000
对照组	Δ自尊	48	-0.69 ± 0.38	53	1.21 ± 0.42	-23.474	0.000
	Δ认知重评	53	-0.94 ± 0.49	54	1.38 ± 0.58	-22.065	0.000
	Δ社会适应	46	-0.58 ± 0.38	45	1.05 ± 0.46	-18.340	0.000

三、分层现象发生的可能原因

儿童体能与社会适应的发展是受多因素综合作用的过程，外部环境因素的作用效果可能受到个体内部因素的影响。

从外部因素来看，教师的教学和训练方法是影响儿童体能和社会适应发展的重要因素。有研究认为，"一刀切"的常规体育教学模式，由于忽视了学生体质健康的个体差异，缺乏对学生体质健康薄弱环节的针对性练习，往往无法取得最佳的体质健康促进效果。因此，建议在体质健康大数据分析的基础上，构建体育课程分层教学模式[270]。实验研究也表明，体育分层教学模式确实可以有效改善学生的柔韧性、肌肉耐力、速度、无氧耐力与体质健康总体水平[271]。本研究的足球运动环境设计也将分层教学的理念融入其中，并要求教练严格贯彻落实。例如，在训练时根据学生技能掌握情况，分为基础巩固组、技能提高组、战术学习组等，每个组别都根据学生的水平安排有针对性的练习内容，并保证不同组别间的合理流动。同时，在师资配备上均安排具备 D 级及以上教练员资质的体育教师和外聘教练指导学生训练，从而保证训练质量，而对照组则都只参与常规模式的体育教学。可以说，不同学校的足球实验班之间和普通班之间在教学训练模式与质量上基本一致，从而将教学和训练方法对儿童体能与社会适应发展差异的影响控制到最低。

班主任和家长对足球实验班的支持程度也在很大程度上影响了儿童体能与社会适应的发展。有研究表明，家长和教师的支持程度越高，同儿童之间的关系越和谐，越能促进儿童良好锻炼习惯的养成和体育教学活动的有效开展[272]。在本研究中，足球实验班的招募都是在学生和家长自愿的基础上进行的，加上不耽误正常文化课学习的训练安排，家长和班主任都对学生参加足球训练给予了很大支持。不同学校的足球实验班基本都能保证每周 4 次，每次 90 分钟左右的训练时间。而对照组学生按照学校要求参加正常的体育课和大课间锻炼，也基本不存在家长和班主任支持上的差异。可以说，不同学校的足球实验班之间和普通班之间获得的教师和家长支持基本一致，从而将外部支持因素对儿童体能与社会适应发展差异的影响控制到最低。

从内部因素来看，儿童对待足球训练和文化课学习的态度直接影响了其体能和社会适应的发展。有研究表明，儿童的锻炼动机和学习动机越强，越能持久和高效地完成体育锻炼和学习任务，从而获得更好的体能与学业适应水平[273-274]。在本研究中，足球实验班招募标准很重要的一项就是学生需要热爱足球运动并具备端正的学习态度，并且在实验班管理过程中也不断加强学生的思想教育，树立"先学习，后踢球"的观念。在足球训练过程中也较多地采取游戏教学法，尽可能地提升学生训练兴趣。选择对照组时，也要求学生具备较高的锻炼积极性和良好的学习态度，从而尽可能地将儿童主观能动性对体能与社会适应发展差异的影响控制到最低。虽然经过分析发现，实验组学生的综合表现还是有所差异，但是即使在综合表现很好的学生中，体能和社会适应改善幅度的差异依然显著，从而说明除了主观能动性外，还有其他因素影响了儿童体能和社会适应发展。

遗传特征也是影响儿童体能和社会适应发展的重要因素。大量研究表明，基因多态性能够直接影响个体的体能和社会适应发展。例如，携带 ACE I 等位基因的个体往往表现出较好的耐力素质[108]。具有 ACTN3 RR 基因型的个体往往表现出较好的爆发力素质[131]。而 COMT Met 等位基因携带者则往往表现出较低的情绪障碍评分和感知压力，从而能够更好地适应社会生活[153]。同时，基因多态性还能够通过与环境的交互作用，共同影响个体的体能和社会适应发展。例如，具备 ACTN3 RR + RX 和 ACE DD 基因型的个体在接受快速力量训练后，能够获得更多的下肢力量提升[275]。具有 COMT Met 等位基因的儿童在接触积极养育环境时，能够降低抑郁症的发生风险[276]。可以说，基因多态性的单独作用及其与环境的交互作用，都可能对儿童体能与社会适应的发展产生一定影响。

综上所述，在研究开展过程中，当尽可能地控制了教学方式、教师水平、家长和班主任支持程度等外部因素后，足球运动环境干预效果出现分层现象的原因很可能来源于儿童的自身特征。另外，由于在同样表现很好的儿童中分层现象依然显著，说明由基因多态性这一遗传因素带来的个体差异有可能导致了分层现象的发生。

第七节 本章小结

本章研究的主要结论为：

基于社会生态理论设计的足球运动环境能够对儿童的锻炼坚持、体能、认知重评、自尊和社会适应产生更加显著的促进作用，特别是在最大摄氧量、认知重评和人际适应上，能够产生一般性学校体育锻炼所没有的显著促进效果。

足球运动环境能够通过提升儿童的锻炼坚持水平促其社会适应的发展，这一过程受到体能、认知重评和自尊变化的简单中介作用，以及体能与自尊变化和认知重评与自尊变化链式中介作用的影响。

研究进行过程中，儿童出现的体能、认知重评、自尊和社会适应变化分层现象可能与由基因多态性导致的个体遗传差异有关。

本章研究的主要启示为：

同一般性学校体育锻炼相比，基于社会生态理论设计的系统性足球运动环境能够更有效地提升儿童的运动坚持性，进而通过对体能、认知重评和自尊更加显著的改善最终促进社会适应的更好发展，实现体质健康的全面提升，特别是在对最大摄氧量、认知重评和人际适应的促进上，足球运动环境有着独特价值。这提示学校体育工作者们应当重视以足球为代表的团队运动项目在促进儿童全面发展上的重要意义，并且通过多系统的协同管理模式设计和有效的教学训练方法应用，努力克服学训矛盾，营造儿童运动参与的外部支持环境，促进团队运动项目的广泛开展。

儿童体能和社会适应的发展是由遗传因素和环境因素共同决定的，但是目前的研究大多集中在探讨外部环境因素对儿童体能和社会适应的影响上，例如运动方式、教学方法、社会支持等，而针对遗传因素对儿童体能和社会适应影响效果的研究相对较少。本研究虽然发现儿童体能和社会适应发展的分层现象可能与基因多态性有关，但这还只停留在猜测与理论分析的阶段，仍需要通过实验测量的方法予以验证，这也是本书下一章节的研究重点。

第六章　基因多态性在体质健康促进过程中的作用

儿童体质健康的发展是环境与遗传因素综合作用的结果。前文已经通过路径分析与实践检验相结合的形式，对运动环境如何影响儿童的体质健康从横向研究与纵向研究两个层面进行了探讨，发现儿童体质健康发展的个体差异可能与基因多态性有关。

那么，基因多态性在运动环境影响儿童体质健康发展的过程中究竟起到了什么样的作用？基于这一问题，本章研究旨在通过分析部分与体能和社会适应相关的基因多态性本身及其与足球运动环境的交互作用对儿童体能和社会适应发展的影响，揭示运动过程中儿童体质健康发展出现个体差异的可能原因，为丰富体育运动促进儿童体质健康发展的遗传学基础，以及儿童体质健康促进方案的科学设计提供理论依据。

第一节　研究对象与方法

一、研究对象

以第五章研究中参加全部量表测量、一般性体能和专项体能测试的 169 名小学生为研究对象。以参加足球实验班的 110 名儿童为实验组（EG），以只参加学校一般体育活动的 59 名儿童为对照组（CG）。所有受试者的基因分型检测均在征得家长同意后进行。最终，实验组同意参加基因检测的有 106 人（男生 61 人，女生 45 人，年龄 9.98 ± 0.72 岁，身高 141.04 ± 6.56 厘米，体重 34.09 ± 7.86 公斤）。对照组同意参加检测的有 59 人（男生 30 人，女生 29 人，年龄 9.62 ± 0.54 岁，身高 139.15 ± 6.47 厘米，体重 31.21 ± 6.29 公斤）。

二、研究数据的获取

根据第五章研究中的一般性体能和专项体能测试结果，计算与研究对象耐力素质和爆发力素质关系较为密切的体能指标的初始成绩和一学年后的变化量。选择指标包括 50 米跑、1 分钟仰卧起坐、深蹲跳、连续纵跳、反应时、单脚闭眼站、15 秒小步跑、随机变向跑和最大摄氧量。

根据第五章研究中的量表测量结果，计算研究对象自尊、认知重评和社会适应的初始得分和一学年后的变化量。

三、基因多态性检测

以"gene polymorphism""endurance""power""sprint""emotion regulation"等关键词在"CNKI""Pubmed""NCBI"等中外文献数据库中进行检索，筛选近年来研究较多、结果一致性较强的基因多态性位点作为本研究的候选基因。

最终确定与体能相关的基因检测位点为，血管紧张素转移酶基因（ACE，rs 4646994）和 α-辅肌动蛋白-3 基因（ACTN3，rs1815739）；与社会适应相关的基因检测位点为多巴胺 D2 受体基因（DRD2，rs1800497）和儿茶酚氧位甲基转移酶基因（COMT，rs4680）。

利用口腔黏膜细胞采集器采集所有受试者的唾液，并根据唾液 DNA 提取试剂盒（艾德莱生物 DN39）的操作说明提取 DNA，根据如表 6-1 所示的基因序列信息，使用 Primer5 软件设计引物并合成，用 Verity PCR 仪（ThermoFisher 公司）进行扩增，经 PCR 产物纯化后，根据测序及酶切结果结合电泳图进行基因型的判定。

表 6-1　各基因位点的对应引物

引物名称	引物序列	片段长度
rs4646994-F	GGGGACTCTGTAAGCCACTG	596bp
rs4646994-R	GTAGGCATGCAGGTTGAGGT	
rs1815739-F	GCCACCCACAACTTTAGGCT	470bp
rs1815739-R	TCTCCATATCTTGGGCCACC	
rs1800497-F	CTCGGCTCCTGGCTTAGAAC	582bp
rs1800497-R	GCCAGGGGCAAATACCTGAT	
rs4680-F	CATCGAGATCAACCCCGACT	425bp
rs4680-R	CACACCTATACAACAGCGCC	

四、统计方法

使用 Hardy-Weinberg 法对每个入选基因的分型结果进行平衡检验，当 $P>0.05$ 时，说明基因型分布符合 Hardy-Weinberg 平衡定律。使用 χ^2 分析检验每个入选基因的基因型和等位基因频率在不同组别和不同性别之间的分布差异。使用独立样本 t

检验或单因素方差分析，检验不同性别中，候选基因多态性对儿童体能、社会适应基线水平的影响。使用以各观测指标初始水平为协变量的单因素方差分析和基因型 × 组别的双因素方差分析，分别检验基因多态性对不同性别儿童体能、社会适应变化的影响，以及基因多态性与足球运动环境的交互效应对儿童体能和社会适应变化的影响。以 $P \leq 0.05$ 表示差异具有显著性。

第二节 基因多态性分布特征

基因多态性具有一定的族群特征，并且不同基因型之间分布差异较大。为了检验本研究 4 个入选基因的基因型分布是否符合基因遗传平衡，是否与前期相关研究结果相似，研究样本选择是否具有代表性，以及后期统计分析时是否需要进行并组处理，本节内容对入选基因的基因型和等位基因分布特征进行了分析。

一、基因型及等位基因分布比例

如表 6-2 和表 6-3 所示，针对本研究中的 165 名受试者，在 ACE 基因 I/D 多态性的基因型分布上，总体来看，ID 基因型出现频率最高，占 44.2%；其次为 II 基因型，占 32.8%；DD 基因型出现频率最低，占 23.0%。在等位基因频率上，I 等位基因占 54.8%，D 等位基因占 45.2%。

在 ACTN3 基因 R/X 多态性的基因型分布上，总体来看，RX 基因型出现频率最高，占 50.3%；其次为 RR 基因型，占 32.7%；XX 基因型出现频率最低，占 17.0%。在等位基因频率上，R 等位基因占 57.9%，X 等位基因占 42.1%。

表 6-2 各基因位点的基因型分布

基因位点	多态性	实验组 /n（%）			对照组 /n（%）			总计
		男	女	合计	男	女	合计	
ACE	DD	17(27.9)	13(28.9)	30(28.3)	5(16.6)	3(10.3)	8(13.6)	38(23.0)
	ID	24(39.3)	19(42.2)	43(40.6)	14(46.7)	16(55.2)	30(50.8)	73(44.2)
rs4646994	II	20(32.8)	13(28.9)	33(31.1)	11(36.7)	10(34.5)	21(35.6)	54(32.8)
	合计	61	45	106	30	29	59	165
ACTN3	RR	20(32.8)	13(28.8)	33(31.1)	10(33.3)	11(37.9)	21(35.6)	54(32.7)
rs1815739	RX	28(45.9)	25(55.6)	53(50.0)	16(53.4)	14(48.3)	30(50.8)	83(50.3)

续表

基因位点	多态性	实验组 /n（%）			对照组 /n（%）			总计
		男	女	合计	男	女	合计	
	XX	13(21.3)	7(15.6)	20(18.9)	4(21.3)	4(13.8)	8(13.6)	28(17.0)
	合计	61	45	106	30	29	59	165
DRD2	CC	21(34.4)	15(33.3)	36(34.0)	7(23.3)	12(41.4)	19(32.2)	55(33.3)
	TC	27(44.3)	21(46.7)	48(45.3)	18(60.0)	11(37.9)	29(49.2)	77(46.7)
rs1800497	TT	13(21.3)	9(20.0)	22(20.7)	5(16.7)	6(20.7)	11(18.6)	33(20.0)
	合计	61	45	106	30	29	59	165
COMT	Val/Val	29(47.5)	28(62.2)	57(53.8)	16(53.3)	16(55.2)	32(54.2)	89(53.9)
	Met/Val	27(44.3)	15(33.3)	42(39.6)	12(40.0)	12(41.4)	24(40.7)	66(40.0)
rs4680	Met/Met	5(8.2)	2(4.5)	7(6.6)	2(6.7)	1(3.4)	3(5.1)	10(6.1)
	合计	61	45	106	30	29	59	165

表 6-3　各基因位点的等位基因频率

基因位点	等位基因	实验组 /n（%）			对照组 /n（%）			总计
		男	女	合计	男	女	合计	
ACE	D	58(47.5)	45(50.0)	103(48.6)	24(40.0)	22(37.9)	46(39.0)	149(45.2)
rs4646994	I	64(52.5)	45(50.0)	109(51.4)	36(60.0)	36(62.1)	72(61.0)	181(54.8)
	合计	122	90	212	60	58	118	330
ACTN3	R	68(55.7)	51(56.7)	119(56.1)	36(60.0)	36(62.1)	72(61.0)	191(57.9)
rs1815739	X	54(44.3)	39(43.3)	93(43.9)	24(40.0)	22(37.9)	46(39.0)	139(42.1)
	合计	122	90	212	60	58	118	330
DRD2	C	69(56.6)	51(56.7)	120(56.6)	32(53.3)	35(60.3)	67(56.8)	187(56.7)
rs1800497	T	53(43.4)	39(43.3)	92(43.4)	28(46.7)	23(39.7)	51(43.2)	143(43.3)
	合计	122	90	212	60	58	118	330
COMT	Val	85(69.7)	71(78.9)	156(73.6)	44(73.3)	44(75.9)	88(74.6)	244(73.9)
rs4680	Met	37(30.3)	19(21.1)	56(26.4)	16(26.7)	14(24.1)	30(25.4)	86(26.1)
	合计	122	90	212	60	58	118	330

在 DRD2 基因 C/T 多态性的基因型分布上，总体来看，TC 基因型出现频率最高，占 46.7%；其次为 CC 基因型，占 33.3%；TT 基因型出现频率最低，占 20.0%。在等位基因频率上，C 等位基因占 56.7%，T 等位基因占 43.3%。

在 COMT 基因 Val/Met 多态性的基因型分布上，总体来看，Val/Val 基因型出现频率最高，占 53.9%；其次为 Met/Val 基因型，占 40.0%；Met/Met 基因型出现频率最低，占 6.1%。在等位基因频率上，Val 等位基因占 73.9%，Met 等位基因占 26.1%。

上述基因型和等位基因分布规律均和前期研究中我国南方学生相关基因多态性的基因型和等位基因分布规律 [277]，以及 Ensembl 数据库中关于中国汉族人群的研究结果相似，说明样本选取具有代表性。

二、基因多态性分布特征差异检验

通过 Hardy-Weinberg 平衡检验发现，4 个入选基因的基因型分布均符合 Hardy-Weinberg 平衡（ACE：χ^2=1.880，P=0.170；ACTN3：χ^2=0.678，P=0.411；DRD2：χ^2=0.409，P=0.523；COMT：χ^2=0.237，P=0.626），说明群体基因遗传平衡。同时，在 4 个基因的基因型分布以及等位基因频率上，实验组与对照组之间、男生与女生之间，以及实验组男女生和对照组男女生相互之间均不存在显著差异（P 均大于 0.05）。说明在这 4 个基因的基因型分布和等位基因频率上，实验组与对照组之间具有同质性，进一步支持了样本选择的有效性，能够进行后续的统计分析。

第三节 基因多态性对体能基线水平及变化的影响

遗传因素被认为与个体的运动能力以及运动参与有着密切关系。目前已经有超过 200 个单核苷酸多态性被发现与人体的耐力素质和爆发力素质有关。本节研究选择 ACE 和 ACTN3 这两个在前期研究中被认为可能与人体耐力和爆发力相关的基因多态性，在不考虑运动影响的情况下，分析基因多态性对儿童基线体能水平和体能变化的影响。

一、ACE 基因多态性的作用

如表 6-4 所示，男生在深蹲跳高度上存在显著的基因型组间差异（F=3.723，P<0.05）。经事后检验发现，II 基因型个体的深蹲跳高度要非常显著地高于 ID 基因型个体，说明 II 基因型的男生要比 ID 基因型的男生具有更好的下肢爆发力基线水平。而在其他体能测试指标上，不同 ACE 基因型的组间差异均不显著（P>0.05），说明 ACE 基因多态性不会显著影响男生的冲刺能力、核心力量、快速跳跃、反应时、平衡、速度耐力、灵敏性和最大摄氧量的基线水平。

表6-4 不同ACE基因型男生体能基线水平的比较（M±SD）

项目	DD (n=22)	ID (n=38)	II (n=31)	F	P
50米跑（s）	9.19 ± 0.86	9.18 ± 0.86	9.26 ± 0.83	0.076	0.927
仰卧起坐（次）	32.86 ± 6.64	32.69 ± 8.16	29.43 ± 7.20	1.849	0.164
深蹲跳（cm）	20.59 ± 3.15	20.02 ± 2.93&&	22.01 ± 3.13	3.723	0.028
纵跳（cm）	16.37 ± 3.88	14.84 ± 3.72	14.62 ± 4.85	1.296	0.279
反应时（s）	0.64 ± 0.07	0.65 ± 0.06	0.67 ± 0.08	1.586	0.211
单脚闭眼站（s）	9.16 ± 3.64	9.91 ± 3.69	8.72 ± 3.07	1.041	0.357
小步跑（步/min）	383.45 ± 50.38	391.30 ± 54.60	393.88 ± 64.92	0.223	0.801
变向跑（s）	17.06 ± 1.20	17.38 ± 1.04	17.21 ± 0.90	0.703	0.498
最大摄氧量（ml·kg^{-1}·min^{-1}）	46.86 ± 2.43	46.58 ± 2.75	47.27 ± 3.32	0.481	0.619

注: && 表示同II基因型相比 $P<0.01$。

如表6-5所示，女生在单脚闭眼站立时间上，基因型组间差异非常接近显著水平（$F=3.005$，$P=0.056$）。经事后检验发现，DD基因型个体的单脚闭眼站立时间要显著高于II基因型个体，说明DD基因型的女生要比II基因型的女生具有更好的平衡能力基线水平。而在其他体能测试指标上，不同ACE基因型的组间差异均不显著（$P>0.05$），说明ACE基因多态性不会显著影响女生冲刺能力、核心力量、下肢爆发力、快速跳跃、反应时、速度耐力、灵敏性和最大摄氧量的基线水平。

表6-5 不同ACE基因型女生体能基线水平的比较（M±SD）

项目	DD (n=16)	ID (n=35)	II (n=23)	F	P
50米跑（s）	9.41 ± 0.68	9.59 ± 0.71	9.70 ± 0.79	0.749	0.477
仰卧起坐（次）	26.56 ± 8.47	30.67 ± 7.61	28.48 ± 7.32	1.549	0.220
深蹲跳（cm）	19.98 ± 3.16	19.11 ± 3.30	18.83 ± 2.60	0.707	0.497
纵跳（cm）	15.84 ± 4.12	14.22 ± 3.66	13.99 ± 2.85	1.492	0.232
反应时（s）	0.66 ± 0.07	0.64 ± 0.05	0.65 ± 0.06	0.766	0.469
单脚闭眼站（s）	10.08 ± 3.62&	8.86 ± 4.14	7.27 ± 2.59	3.005	0.056
小步跑（步/min）	383.24 ± 59.96	360.61 ± 51.93	357.23 ± 58.56	1.183	0.312
变向跑（s）	17.72 ± 1.15	17.81 ± 0.86	17.63 ± 1.10	0.244	0.784
最大摄氧量（ml·kg^{-1}·min^{-1}）	44.62 ± 2.21	44.33 ± 2.21	45.09 ± 2.65	0.732	0.489

注: & 表示同II基因型相比 $P<0.05$。

如表6-6所示，男生在50米跑时间的变化上基因型组间差异非常显著（$F=4.880$，$P=0.01$）。经事后检验发现，DD基因型个体的50米跑时间缩短幅度要非常显著地大于ID基因型和II基因型。说明经过一学年的时间，DD基因型男生要比携带 I 等位基因的男生在快速冲刺能力上得到更大的提升。在最大摄氧量的变化上也具有显著的基因型组间差异（$F=3.294$，$P<0.05$）。经事后检验发现，II 基因型个体的最大摄氧量提高幅度要显著大于 ID 基因型。说明经过一学年的时间，II 基因型男生要比 ID 基因型男生在有氧能力上得到更大的提升。而在其他体能测试指标的变化上，不同 ACE 基因型的组间差异均不显著（$P>0.05$），说明 ACE 基因多态性不会显著影响男生这些体能的变化水平。

表 6-6　不同 ACE 基因型男生体能变化的比较（M±SE）

项目	DD（$n=22$）	ID（$n=38$）	II（$n=31$）	F	P
Δ50 米跑（s）	$-0.51 \pm 0.04^{\#\#\&\&}$	-0.35 ± 0.03	-0.35 ± 0.04	4.880	0.010
Δ 仰卧起坐（次）	7.15 ± 0.63	6.20 ± 0.48	6.03 ± 0.55	1.028	0.362
Δ 深蹲跳（cm）	4.27 ± 0.41	3.42 ± 0.32	4.22 ± 0.35	1.972	0.145
Δ 纵跳（cm）	3.99 ± 0.34	2.96 ± 0.24	3.27 ± 0.29	2.835	0.064
Δ 反应时（s）	-0.11 ± 0.01	-0.12 ± 0.01	-0.13 ± 0.01	1.034	0.360
Δ 单脚闭眼站（s）	5.71 ± 0.74	5.12 ± 0.56	6.32 ± 0.62	1.009	0.369
Δ 小步跑（步/min）	57.42 ± 6.14	52.13 ± 4.67	48.33 ± 5.17	0.639	0.530
Δ 变向跑（s）	-0.79 ± 0.11	-0.81 ± 0.09	-0.85 ± 0.09	0.091	0.914
Δ 摄氧量（ml·kg^{-1}·min^{-1}）	2.07 ± 0.42	$1.72 \pm 0.32^{\&}$	2.95 ± 0.36	3.294	0.042

注：表中为以体能初始水平为协方差进行校正后的值；## 表示同 ID 型相比 $P<0.01$；& 表示同 II 型相比 $P<0.05$；&& 表示同 II 型相比 $P<0.01$；Δ 值为后测成绩－前测成绩。

如表 6-7 所示，女生在 50 米跑、仰卧起坐、小步跑和最大摄氧量这 4 项测试成绩的变化上，基因型组间差异均达到或非常接近显著水平。事后检验发现，DD 基因型个体的 50 米跑、仰卧起坐和小步跑成绩提升幅度要显著大于 ID 基因型和 II 基因型，而 II 基因型个体的最大摄氧量提高幅度要非常显著地大于 DD 基因型和 ID 基因型个体。

说明经过一学年的时间，DD 基因型女生要比携带 I 等位基因的女生在快速冲刺能力、核心力量和速度耐力上得到更大的提升；II 基因型女生要比携带 D 等位基因的女生在有氧能力上得到更大的提升，而在其他体能测试指标的变化上，不同 ACE 基因型的组间差异均不显著（$P>0.05$），说明 ACE 基因多态性不会显著影响女生这些体能的变化水平。

表6–7　不同ACE基因型女生体能变化的比较（M±SE）

项目	DD (*n*=16)	ID (*n*=35)	II (*n*=23)	*F*	*P*
Δ50米跑（s）	-0.54 ± 0.06#&&	-0.37 ± 0.04	-0.29 ± 0.05	5.973	0.004
Δ仰卧起坐（次）	7.41 ± 0.72#&	5.41 ± 0.52	5.36 ± 0.59	3.055	0.054
Δ深蹲跳（cm）	4.13 ± 0.38	3.04 ± 0.26	3.41 ± 0.32	2.849	0.065
Δ纵跳（cm）	3.42 ± 0.44	2.47 ± 0.30	2.65 ± 0.37	1.615	0.206
Δ反应时（s）	-0.11 ± 0.01	-0.09 ± 0.01	-0.13 ± 0.01	2.801	0.068
Δ单脚闭眼站（s）	7.79 ± 0.98	6.91 ± 0.65	7.13 ± 0.82	0.281	0.756
Δ小步跑（步/min）	75.63 ± 7.80#&	52.67 ± 5.22	51.61 ± 6.45	3.503	0.035
Δ摄氧量（ml·kg⁻¹·min⁻¹）	1.04 ± 0.47&&	1.84 ± 0.32&&	3.26 ± 0.40	7.152	0.001

注：表中为以体能初始水平为协方差进行校正后的值；# 表示同 ID 型相比 $P<0.05$；& 表示同 II 型相比 $P<0.05$；&& 表示同 II 型相比 $P<0.01$；Δ 值为后测成绩–前测成绩。

　　ACE 基因是最早被发现与人体运动能力有关的基因之一。在与耐力素质的关系上，ACE 作为循环系统和局部组织中肾素–血管紧张素–醛固酮系统（RAAS）系统的关键成分，在骨骼肌的运动代谢过程中起着重要作用。ACE 能够促进 AngII 这一重要血管功能调节物质的合成，后者则会促进血管收缩，并增加自由基的产生，提高血管内皮功能障碍发生的风险。在内皮功能障碍状态下，以最大摄氧量为标准的有氧运动能力会受到损害，而伴随着内皮功能的改善，最大摄氧量也得到提高。

　　在健康成年人中，血管内皮功能与最大摄氧量独立相关，任何一方的改善都会对另一方产生有利影响[278]。可以看出，血管内皮功能的好坏与有氧运动能力之间关系密切。有研究发现，ACE D 等位基因与血清和心脏组织中较高的 ACE 水平和活性有关，因此会带来更高的血管内皮功能障碍风险（Kuzubov，2013）；而 ACE II 基因型被认为会在运动过程中产生更好的内皮依赖性血管舒张功能，增加由外周血管舒张引起的肌肉毛细血管灌注，从而提高有氧运动能力。这可能与 Ang II 活性降低，导致 NO 生物活性增加，增加了 NADH/NADPH 氧化酶活性有关。因此，ACE II 基因型可能与更好的耐力素质相关。

　　部分前期研究也支持了这一假设。例如，有研究发现，在优秀长距离游泳运动员和优秀女子足球运动员中，I 等位基因出现的频率更高（Tsianos，2004；魏琦，2015）。系统综述研究也发现，与 D 等位基因相比，II 基因型与耐力项目运动员的运动表现关联更大[279]。然而这些研究多集中于优秀运动员群体，一些针对普通人群的研究并未发现 I 等位基因与有氧能力之间的关系。例如，针对年轻白人女性的研究发现，在经常运动组和久坐不动组中，ACE I 等位基因同心肺功能之间均不存在显著关联（Rozangela，2014）。未经正规训练的年轻白人女性的 ACE I/D 多态性同最大摄氧量之间的相关性也不显著（Day，2007）。但是在一定的耐力训练后，具有 II 和 ID 基因型的普通汉族男性在最大摄氧量的提高幅度上要显著大于 DD 基因型男性（席翼，2008）。这提示我们，I 等位基因对有氧耐力的影响在正常状态下可能并不显著，只有接受一定的环境刺激（例如运动训练），才会转化为有氧耐力水平的更大提升。

本研究也发现，在基线状态下，不论是男生还是女生，在最大摄氧量上不同 ACE 基因型之间并不存在显著差异；而在最大摄氧量的变化上，经过一学年的时间，II 基因型儿童的提升幅度基本都显著高于 ID 和 DD 基因型儿童。由于本研究选取的受试者都是平时比较喜欢参与体育运动的普通儿童，区别只在于参与运动的形式不同。因此，这一结果说明，II 基因型可能对儿童有氧能力的发展更有利，具备这一基因型的儿童在积极参加体育锻炼的过程中，有氧耐力水平会比携带 D 等位基因的儿童获得更大幅度的提高，这可能与 II 基因型潜在的内皮功能促进效益有关。

在与爆发力素质的关系上，AngII 除了具有收缩血管的功能，还在骨骼肌生长过程中起到重要作用。动物研究发现，正常情况下，AngII 能够促进骨骼肌毛细血管的增长。在超负荷训练中，AngII 介导了骨骼肌的肥大过程，通过服用 ACE 抑制剂，能够使比目鱼肌的肥大程度降低 96%（Gordon，2001）。而 ACE D 等位基因携带者的 ACE 活性更高，能够保持较高的 AngII 水平，从而对肌肉生长产生更好的促进作用。另外，也有研究发现，在未经训练的年轻受试者中，从 ACE II 到 ID 再到 DD 基因型，IIb 型肌纤维含量逐渐增加，I 型肌纤维含量逐渐降低（Zhang，2003）。这说明，ACE D 等位基因可能与更好的爆发力素质相关。

部分前期研究也支持了这一假设。例如，有研究发现，在 50~85 岁的白人老年人中，ACE DD 基因型携带者要比 II 基因型携带者有着更大的股四头肌体积（Charbonneau，2008）。针对 11 岁左右白人儿童的研究也发现，ACE D 等位基因与儿童更好的立定跳远成绩相关（Ahmetov，2013）。在接受 12 周的快速力量训练后，携带 D 等位基因的白人老年女性在下肢力量和下肢活动功能上都较 II 基因型个体提高更为显著（Pereira，2013）。这提示我们，D 等位基因不仅能够独立影响未经专业训练人群的初始肌肉力量水平，还能提高个体在接受训练后肌肉力量的增长幅度。

然而本研究却发现，在基线状态下，II 基因型男生的下肢爆发力要显著高于 ID 基因型。这可能是因为同前期研究相比，本研究在人种和年龄上存在差异。事实上，有研究也发现，对于欧洲的力量和爆发力项目运动员来说，II 和 ID 可能是最佳基因型（Gineviciene，2016）。这说明 D 等位基因与力量素质的关系还存在争议。正如一项系统综述所示，现有研究证据显示，ACE 基因多态性同力量素质之间的关系尚不明确[280]，然而在力量素质的变化上，男生在冲刺能力上，女生在冲刺能力、核心力量和速度耐力上，DD 基因型的提升幅度都要显著高于 ID 和 II 基因型。这一发现同前期研究一致，说明 DD 基因型可能对儿童爆发力的发展更有利，具备这一基因型的儿童在积极参加体育锻炼的过程中，爆发力水平会比其他基因型儿童得到更好的提升，这可能与 DD 基因型潜在的快肌纤维生长促进效益有关。

另外，本研究还发现，在初始平衡能力上，DD 基因型女生要显著高于 II 基因型女生。由于平衡能力在一定程度上受到肌肉力量与本体感觉的影响，这一结果说明，DD 基因型的女生可能具有更好的肌肉力量与感觉功能。

二、ACTN3 基因多态性的作用

如表 6-8 所示，男生在各项体能测试指标上，不同 ACTN3 基因型的组间差异均不显著（$P>0.05$）。说明 ACTN3 基因多态性不会显著影响男生这些体能的基线水平。

表 6-8　不同 ACTN3 基因型男生体能基线水平的比较（M ± SD）

项目	RR (*n*=30)	RX (*n*=44)	XX (*n*=17)	*F*	*P*
50 米跑（s）	9.32 ± 0.97	9.11 ± 0.79	9.27 ± 0.78	0.568	0.569
仰卧起坐（次）	33.30 ± 7.71	31.16 ± 8.37	30.13 ± 3.94	1.028	0.362
深蹲跳（cm）	20.42 ± 3.03	21.38 ± 3.40	20.15 ± 2.50	1.351	0.264
纵跳（cm）	15.04 ± 4.19	15.72 ± 4.39	13.78 ± 3.47	1.336	0.268
反应时（s）	0.67 ± 0.07	0.65 ± 0.07	0.65 ± 0.07	0.553	0.577
单脚闭眼站（s）	8.43 ± 3.27	9.90 ± 3.60	9.42 ± 3.41	1.624	0.203
小步跑（步/min）	395.61 ± 58.64	389.48 ± 57.36	382.94 ± 55.06	0.273	0.762
变向跑（s）	17.30 ± 1.06	17.23 ± 1.13	17.19 ± 0.71	0.067	0.935
最大摄氧量（ml · kg^{-1} · min^{-1}）	47.26 ± 2.73	46.33 ± 3.10	47.66 ± 2.29	1.723	0.185

如表 6-9 所示，女生在 50 米跑和小步跑上，基因型组间差异非常接近或达到显著水平。事后检验发现，RR 基因型和 RX 基因型个体的 50 米跑和小步跑成绩均要显著优于 XX 基因型个体，说明携带 R 等位基因的女生要比 XX 基因型的女生具有更好的快速冲刺能力和速度耐力基线水平。而在其他体能测试指标上，不同 ACTN3 基因型的组间差异均不显著（$P>0.05$），说明 ACTN3 基因多态性不会显著影响女生这些体能的基线水平。

表6-9　不同 ACTN3 基因型女生体能基线水平的比较（M±SD）

项目	RR (*n*=24)	RX (*n*=39)	XX (*n*=11)	F	P
50 米跑（s）	9.48 ± 0.64[&]	9.51 ± 0.75[&]	10.10 ± 0.71	3.102	0.052
仰卧起坐（次）	29.46 ± 6.95	28.77 ± 8.57	28.60 ± 7.47	0.068	0.934
深蹲跳（cm）	19.27 ± 3.20	19.54 ± 3.07	17.90 ± 2.51	1.254	0.292
纵跳（cm）	13.79 ± 3.35	14.89 ± 3.83	14.65 ± 3.03	0.722	0.489
反应时（s）	0.64 ± 0.05	0.65 ± 0.06	0.65 ± 0.06	0.401	0.671
单脚闭眼站（s）	8.80 ± 3.54	8.58 ± 3.85	8.44 ± 3.90	0.043	0.958
小步跑（步/min）	377.53 ± 54.93[&]	367.00 ± 58.54[&]	326.86 ± 29.82	3.389	0.039
变向跑（s）	17.73 ± 0.84	17.62 ± 1.02	18.16 ± 1.18	1.269	0.287
最大摄氧量（ml·kg^{-1}·min^{-1}）	44.78 ± 2.81	44.61 ± 2.17	44.33 ± 1.96	0.136	0.873

注：& 表示同 XX 基因型相比 $P<0.05$。

　　如表 6-10 所示，男生在 50 米跑、仰卧起坐、深蹲跳和纵跳上，基因型组间差异非常显著。事后检验发现，RR 基因型的 50 米跑、深蹲跳和纵跳成绩提升幅度均显著大于 RX 基因型和 XX 基因型，RR 基因型和 XX 基因型的仰卧起坐成绩提高幅度要非常显著地大于 RX 基因型。说明经过一学年的时间，RR 基因型男生要比携带 X 等位基因的男生在快速冲刺、下肢爆发力和快速跳跃能力上得到更大的提升，RR 基因型和 XX 基因型男生要比 RX 基因型男生在核心力量上得到更大的提升。而在其他体能测试指标的变化上，不同 ACTN3 基因型的组间差异均不显著（$P>0.05$），说明 ACTN3 基因多态性不会显著影响男生这些体能的变化水平。

表6-10　不同 ACTN3 基因型男生体能变化的比较（M±SE）

项目	RR (*n*=30)	RX (*n*=44)	XX (*n*=17)	F	P
Δ50 米跑（s）	-0.54 ± 0.04[##&&]	-0.34 ± 0.03	-0.29 ± 0.05	12.191	0.000
Δ 仰卧起坐（次）	7.91 ± 0.49[##]	5.04 ± 0.38[&&]	7.45 ± 0.66	12.161	0.000
Δ 深蹲跳（cm）	4.98 ± 0.33[##&&]	3.34 ± 0.27	3.43 ± 0.44	7.974	0.001
Δ 纵跳（cm）	4.00 ± 0.28[#&&]	3.12 ± 0.24	2.60 ± 0.38	5.902	0.008
Δ 反应时（s）	-0.11 ± 0.01	-0.13 ± 0.01	-0.11 ± 0.01	1.102	0.337
Δ 单脚闭眼站（s）	6.34 ± 0.64	5.44 ± 0.52	5.10 ± 0.84	0.888	0.415
Δ 小步跑（步/min）	43.32 ± 5.17	57.38 ± 4.26	54.02 ± 6.86	2.249	0.112
Δ 变向跑（s）	-0.98 ± 0.09	-0.73 ± 0.08	-0.76 ± 0.12	2.198	0.117
Δ摄氧量（ml·kg^{-1}·min^{-1}）	2.48 ± 0.38	2.24 ± 0.31	1.71 ± 0.50	0.787	0.459

注：表中为以体能初始水平为协方差进行校正后的值；# 表示同 RX 型相比 $P<0.05$；## 表示同 RX 型相比 $P<0.01$；& 表示同 XX 型相比 $P<0.05$；&& 表示同 XX 型相比 $P<0.01$；Δ 值为后测成绩－前测成绩。

　　如表 6-11 所示，女生在连续纵跳上，基因型组间差异非常显著（F=4.913，

$P=0.01$)。经事后检验发现，RR 基因型和 RX 基因型个体的连续纵跳高度提高幅度要显著大于 XX 基因型。说明经过一学年的时间，携带 R 等位基因的女生要比 XX 基因型女生在快速跳跃能力上得到更大提升。而在其他体能测试指标的变化上，不同 ACTN3 基因型的组间差异均不显著（$P>0.05$），说明 ACTN3 基因多态性不会显著影响女生这些体能的变化水平。

表 6-11　不同 ACTN3 基因型女生体能变化的比较（M±SE）

项目	RR（$n=24$）	RX（$n=39$）	XX（$n=11$）	F	P
Δ50 米跑（s）	-0.42 ± 0.05	-0.39 ± 0.04	-0.27 ± 0.08	1.280	0.285
Δ 仰卧起坐（次）	6.59 ± 0.59	5.14 ± 0.49	6.60 ± 0.91	2.188	0.120
Δ 深蹲跳（cm）	3.84 ± 0.31	3.37 ± 0.24	2.50 ± 0.46	2.916	0.061
Δ 纵跳（cm）	3.35 ± 0.34[&&]	2.71 ± 0.27[&]	1.43 ± 0.51	4.913	0.010
Δ 反应时（s）	-0.10 ± 0.01	-0.11 ± 0.01	-0.11 ± 0.02	0.077	0.926
Δ 单脚闭眼站（s）	6.59 ± 0.77	7.02 ± 0.61	8.97 ± 1.14	1.553	0.219
Δ 小步跑（步 /min）	49.60 ± 6.57	60.67 ± 5.11	62.17 ± 9.96	1.012	0.369
Δ 变向跑（s）	-0.87 ± 0.10	-0.95 ± 0.08	-0.75 ± 0.15	0.731	0.485
Δ 摄氧量（ml·kg^{-1}·min^{-1}）	2.44 ± 0.41	1.73 ± 0.32	2.71 ± 0.61	1.481	0.235

注：表中为以体能初始水平为协方差进行校正后的值；& 表示同 XX 型相比 $P<0.05$；&& 表示同 XX 型相比 $P<0.01$；Δ 值为后测成绩－前测成绩。

α- 辅肌动蛋白（α-Actinin）家族是肌动蛋白的结合蛋白，在结合和锚定肌动蛋白方面起着重要作用。人体中共存在 4 种 α-Actinin，其中 ACTN1 和 ACTN4 存在于非横纹肌中，起到细胞支架和锚点的作用，而 ACTN2 和 ACTN3 是肌原纤维蛋白，存在于骨骼肌 Z 线之中。ACTN2 和 ACTN3 在进化过程中具有高度的保守性，且 ACTN3 作为一种快速收缩亚型，仅存在于 II 型肌纤维中。该基因的多态性表现在 rs1815739 位点上，精氨酸（R）转化为终止子（X），ACTN3 XX 基因型将不再表达 ACTN3。

尽管 ACTN3 基因多态性和运动表现之间关系的内在机制还未阐明，一些 ACTN3 基因敲除小鼠的研究却能够为 ACTN3 缺乏如何影响骨骼肌特性提供有价值的信息。有研究发现，虽然同野生小鼠白肌纤维中较高的 ACTN3 表达水平相比，ACTN3 基因敲除小鼠由于 IIb 肌纤维含量减少，导致骨骼肌质量降低，但是 ACTN3 基因敲除小鼠具有了更多的慢肌纤维和氧化酶水平，从而比野生小鼠具有了更好的耐力水平（MacArthur，2008）。同时，ACTN3 基因敲除小鼠还具有较高的骨骼肌糖原含量，糖原磷酸化酶活性降低、糖原合成酶活性升高（Quinlan，2010）。由此可以认为，R 等位基因可能与爆发力素质有关，而 X 等位基因可能与耐力素质有关。

许多前期研究也支持了这一假设。例如，有研究发现，在汉族精英田径运动员中，ACTN3 基因型在爆发力项目运动员、耐力项目运动员和对照组之间存在非常显著的差异。国际级爆发力项目运动员同国家级爆发力项目运动员相比，RR 基因型比例更高，并且没有 XX 基因型。另外，RR 基因型爆发力项目运动员的纵跳和立定跳远成绩要显著高于 RX 和 XX 基因型（Yang，2017）。在欧洲精英男性短跑运动员中，RR 基因型个体要比 XX 基因型个体具备更快的 200 米跑速度（Ioannis，2016）。针对普通人的研究也发现，ACTN3 X 等位基因同耐力素质相关，R 等位基因则同力量及爆发力素质相关，具备 RX 基因型的个体在运动时表现出更好的能量节省化（Pasqua，2016）。也有研究发现，ACTN3 基因型虽然与男性肌肉表型无关，但 RX 基因型女性却比 XX 基因型女性具有更高的基线最大肌力（Clarkson，2005）。综述研究也发现，在目前被发现与爆发力素质有关的基因多态性中，ACTN3 基因多态性的研究结果最为一致，即 XX 基因型不利于爆发力项目的运动表现，并且其机制得到了 ACTN3 基因敲除鼠模型的支持[281]。

本研究发现，在基线状态下，不同 ACTN3 基因型男生在各项体能指标上均不存在显著差异，说明 ACTN3 基因多态性不会显著影响小学男生的爆发力素质和耐力素质，而 RR 和 RX 基因型女生在冲刺能力和速度耐力上都要显著高于 XX 基因型女生，这一结果也同前期研究一致。这可能是因为，小学女生在日常运动量上要明显低于男生，运动对肌肉力量的促进效益也相对较低，从而在肌肉力量上遗传因素的影响程度相对提升。而男生由于运动量更大，运动因素取代遗传因素成为影响肌肉力量发展的主要来源。

在体能的变化上，RR 基因型男生在 50 米跑、深蹲跳和纵跳这三项最能反映爆发力的体能指标上，提升幅度均显著高于 RX 和 XX 基因型男生，说明 RR 基因型对小学男生的爆发力素质发展可能更有利；而在仰卧起坐能力的变化上，RR 和 XX 两个纯合子基因型要显著大于 RX 杂合子基因型，这可能是因为 1 分钟仰卧起坐既需要良好的爆发力完成腹肌收缩，又需要良好的耐力完成持续运动，因此爆发力与肌肉耐力都会对其完成效果产生影响。而在女生中，只有在纵跳高度变化这一指标上，RR 和 RX 基因型显著高于 XX 基因型，说明 R 等位基因可能对小学女生快速跳跃能力的发展更有利。

总体来说，ACTN3 基因多态性对小学男生体能的影响主要表现在，RR 基因型为爆发力相关体能的发展提供了更有利的遗传基础。对小学女生体能的影响主要表现在，R 等位基因为爆发力相关体能的基线水平及提升能力都提供了更有利的遗传基础。

第四节　基因环境交互效应对体能变化的影响

环境因素能够影响个体的遗传性状，营养摄入、运动训练、肌肉负荷、机械刺激这些因素都扮演着遗传调控者的角色，影响着基因表达。可以说，遗传因素为儿童体能的差异化发展提供了可能，而环境因素则将这种可能变为现实。因此，本节内容对 ACE 和 ACTN3 基因多态性同足球运动环境的交互效应对儿童体能发展的影响进行分析，以期为运动干预过程中儿童体能发展出现差异的原因从遗传因素的角度提供可能解释。

一、ACE 基因多态性与运动环境的交互效应

由于对照组 ACE 基因 DD 基因型人数较少，因此将 DD 与 ID 基因型合并进行分析。在反应时的变化上，基因型与组别的交互作用显著 $[F_{(1, 160)} = 4.562, P<0.05]$。如表 6-12 所示，进一步简单效应检验发现，实验组 II 基因型儿童反应时缩短幅度非常显著地大于携带 D 等位基因的儿童。而对照组不同基因型之间不存在显著差异。在 II 基因型儿童中，实验组的反应时缩短幅度非常显著地大于对照组。而在携带 D 等位基因的儿童中，不同组别反应时变化不存在显著差异。从图 6-1（a）中可以更直观地看出，足球运动环境能够显著促进儿童反应能力的提升，并且这一促进作用在 II 基因型儿童中更为明显。

在随机变向跑时间的变化上，基因型与组别的交互作用非常显著 $[F_{(1, 160)} = 8.140, P<0.01]$。进一步简单效应检验发现，在对照组中，II 基因型儿童的变向跑时间缩短幅度显著大于携带 D 等位基因的儿童。而在实验组中，不同基因型之间不存在显著差异。在携带 D 等位基因的儿童中，实验组的变向跑时间缩短幅度非常显著地大于对照组。而在 II 基因型儿童中，不同组别间的变化不存在显著差异。从图 6-1（b）中可以更直观地看出，对于携带 D 等位基因的儿童来说，足球运动对灵敏性的影响更大，经常参加足球运动的儿童要比只参加一般体育活动的儿童获得更大的灵敏性提高幅度。

表6–12　各组别中不同 ACE 基因型儿童体能变化的比较（M±SE）

项目	DD+ID			II		
	EG (*n*=73)	CG (*n*=38)	合计 (*n*=111)	EG (*n*=33)	CG (*n*=21)	合计 (*n*=54)
*Δ*50 米跑	-0.51 ± 0.02	-0.21 ± 0.04	-0.36 ± 0.02	-0.39 ± 0.03	-0.20 ± 0.04	-0.30 ± 0.03
Δ 仰卧起坐	7.72 ± 0.22	3.16 ± 0.34	5.44 ± 0.20	7.55 ± 0.33	2.73 ± 0.44	5.12 ± 0.27

续表

项目	DD+ID			II		
	EG (*n*=73)	CG (*n*=38)	合计 (*n*=111)	EG (*n*=33)	CG (*n*=21)	合计 (*n*=54)
⊿深蹲跳	4.28 ± 0.17	2.25 ± 0.24	3.27 ± 0.15	4.82 ± 0.25	2.31 ± 0.32	3.56 ± 0.20
⊿纵跳	3.77 ± 0.17	1.73 ± 0.23	2.75 ± 0.14	3.77 ± 0.25	1.84 ± 0.31	2.80 ± 0.20
⊿反应时	-0.11 ± 0.01##	-0.10 ± 0.01	-0.10 ± 0.01	-0.15 ± 0.01**	-0.10 ± 0.01	-0.12 ± 0.01
⊿单脚闭眼站	6.95 ± 0.41	4.78 ± 0.57	5.86 ± 0.35	7.70 ± 0.61	4.95 ± 0.77	6.32 ± 0.49
⊿小步跑	68.00 ± 3.01	34.76 ± 4.17	51.38 ± 2.57	61.60 ± 4.47	31.68 ± 5.61	46.64 ± 3.59
⊿变向跑	-1.06 ± 0.05**	-0.46 ± 0.07#	-0.76 ± 0.05	-0.92 ± 0.08	-0.75 ± 0.10	-0.84 ± 0.06
⊿最大摄氧量	2.30 ± 0.20**##	0.64 ± 0.28	1.47 ± 0.17	4.21 ± 0.30**	1.30 ± 0.37	2.75 ± 0.24

注：表中为以体能初始水平为协方差进行校正后的值；** 表示同对照组相比 *P*<0.01；# 表示同 II 型相比 *P*<0.05；## 表示同 II 型相比 *P*<0.01；⊿ 为后测－前测。

在最大摄氧量的变化上，基因型与组别的交互作用显著 [$F_{(1, 160)}$ = 4.605，*P*<0.05]。进一步简单效应检验发现，在实验组中，II 基因型儿童的最大摄氧量提高幅度要非常显著地大于携带 D 等位基因的儿童。而在对照组中，不同基因型之间不存在显著差异。在 II 基因型以及携带 D 等位基因的儿童中，实验组的最大摄氧量提高幅度均非常显著地高于对照组。从图 6-1（c）中可以更直观地看出，对于 II 基因型儿童来说，足球运动对最大摄氧量的影响更大，经常参加足球运动的儿童要比只参加一般体育活动的儿童获得更大的最大摄氧量提高幅度。

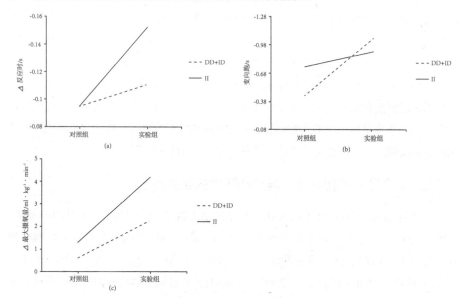

图 6-1　ACE 基因多态性与足球运动的交互效应

在其他体能指标的变化上，基因型与组别的交互作用均不显著（$P>0.05$），而组别差异均非常显著（$P<0.01$）。说明足球运动环境能够显著促进儿童快速冲刺能力、核心力量、下肢爆发力、快速跳跃能力、平衡和速度耐力的提升，并且这一促进作用不受 ACE 基因多态性的影响。

正如前期研究发现的那样，普通的高加索女性中的 II 基因型个体在中等持续时间的有氧耐力活动上有更好的表现，而 DD 基因型个体则在短时间高强度耐力活动上更具优势（Cam，2007）。经过一年的足球训练，同对照组相比，足球训练组在左心室质量、射血分数、心室壁张力和肺动脉收缩压上都有显著改善。同时在足球组中，D 等位基因携带者在射血分数和肺动脉收缩压上的改善更为明显（Saber，2014）。运动训练后，I 等位基因携带者的肌肉毛细血管化程度较高，并且具有较高的肌纤维线粒体密度和脂质存储量，这都有助于提高有氧运动能力（Valdivieso，2017）。可以看出，在接受运动训练刺激后，I 等位基因和 D 等位基因携带个体在耐力素质和爆发力素质的发展上显示出不同倾向，体现了基因与环境的交互作用。

本研究也发现，在反应时、灵敏性和最大摄氧量三项体能指标的变化上存在显著的基因 × 环境交互作用。在反应时和最大摄氧量的变化上主要表现为，同参加普通学校体育活动的儿童相比，参加足球运动的儿童在反应时和最大摄氧量上会得到更好的提升，并对 II 基因型的儿童这种提升作用更加显著。这可能是因为 II 基因型儿童具有更多的 I 型肌纤维和肌肉毛细血管及线粒体密度，在适宜运动刺激后会产生更好的有氧耐力，而有氧耐力水平的提高则会通过对认知功能和神经—肌肉反射速度的改善提高反应能力[282]。在灵敏性的变化上主要表现为，同参加普通学校体育活动的儿童相比，参加足球运动的儿童在灵敏性上会得到更好的提升，并且普通儿童 II 基因型对灵敏性发展更有利，而参加足球运动的儿童 D 等位基因对灵敏性发展更有利。这可能是因为随机变向跑既需要快速反应完成方向选择，又需要良好的肌肉力量完成迅速变向。未经正规足球训练的儿童的反应能力对灵敏性影响更大，而接受足球训练的儿童随着运动能力和反应速度的提升，肌肉力量对灵敏性影响更大。

二、ACTN3 基因多态性与运动环境的交互效应

由于在研究对象中 ACTN3 基因 XX 基因型人数较少，因此将 XX 基因型与 RX 基因型合并进行分析。如表 6-13 所示，在 50 米跑、仰卧起坐和深蹲跳三项测试指标的变化上，均存在显著的基因型 × 组别交互效应 [$F_{(1, 160)} = 6.206$，$P<0.05$；$F_{(1, 160)} = 4.478$，$P<0.05$；$F_{(1, 160)} = 7.537$，$P<0.01$]。通过简单效应检验发现，在这三项体能测试指标上，不论研究对象是何种基因型，经过一学年的运动干预后，实验组儿童的成绩提升幅度均要非常显著地高于对照组（P 均 <0.01）。同时，在实验组中，

RR 基因型儿童这三项体能测试成绩的提升幅度均要非常显著地高于携带 X 等位基因的儿童（P 均 <0.01）；在对照组中，RR 基因型儿童的仰卧起坐成绩提升幅度也非常显著地高于携带 X 等位基因的儿童（P <0.01）。从图 6-2 中可以更直观地看出，足球运动干预能够显著促进儿童冲刺能力、核心力量和下肢爆发力的提升，并且这一促进作用在 RR 基因型儿童中更为明显。

表6-13　各组别中不同 ACTN3 基因型儿童体能变化的比较（M±SE）

项目	RR			RX+XX		
	EG（n=33）	CG（n=21）	合计（n=54）	EG（n=73）	CG（n=38）	合计（n=111）
Δ50 米跑	-0.63 ± 0.03**##	-0.24 ± 0.04	-0.44 ± 0.03	-0.41 ± 0.02**	-0.18 ± 0.03	-0.29 ± 0.02
Δ 仰卧起坐	9.37 ± 0.28**##	3.78 ± 0.36##	6.58 ± 0.23	6.89 ± 0.19**	2.52 ± 0.26	4.71 ± 0.17
Δ 深蹲跳	5.66 ± 0.23**##	2.62 ± 0.28	4.14 ± 0.18	3.90 ± 0.15**	2.09 ± 0.21	2.99 ± 0.13
Δ 纵跳	4.50 ± 0.23	2.48 ± 0.29	3.49 ± 0.19##	3.44 ± 0.16	1.37 ± 0.22	2.40 ± 0.13
Δ 反应时	-0.13 ± 0.01	-0.08 ± 0.01	-0.10 ± 0.01	-0.12 ± 0.01	-0.11 ± 0.01	-0.11 ± 0.01
Δ 单脚闭眼站	7.45 ± 0.61	4.87 ± 0.77	6.16 ± 0.49	7.06 ± 0.41	4.82 ± 0.57	5.94 ± 0.35
Δ 小步跑	60.49 ± 4.42	23.82 ± 5.51	42.15 ± 3.54##	68.49 ± 2.96	39.14 ± 4.10	53.81 ± 2.53
Δ 变向跑	-1.17 ± 0.08	-0.55 ± 0.10	-0.86 ± 0.06	-0.95 ± 0.05	-0.58 ± 0.07	-0.76 ± 0.05
Δ 最大摄氧量	3.37 ± 0.32	1.10 ± 0.40	2.23 ± 0.25	2.68 ± 0.21	0.76 ± 0.30	1.72 ± 0.18

注：表中为以体能基线水平为协方差进行校正后的值；** 表示同对照组相比 P<0.01；## 表示同 RX+XX 型相比 P<0.01。

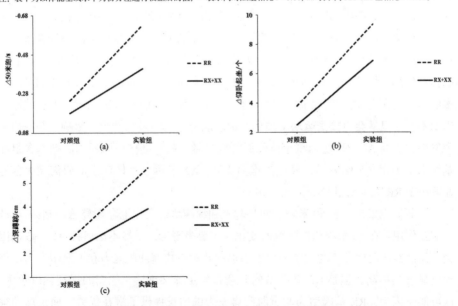

图6-2　ACTN3 基因多态性与足球运动的交互效应

在其他体能指标的变化上，基因型与组别的交互作用均不显著（P 均 >0.05），而组别主效应均非常显著（$P<0.01$）。说明足球运动能够显著提升儿童的连续跳跃能力、反应速度、速度耐力、灵敏性和有氧能力，并且这一促进作用不受 ACTN3 基因多态性的影响。同时，在连续纵跳和小步跑的成绩变化上，基因型主效应也均非常显著（P 均 <0.01），说明儿童在自然生长过程中，只要积极参与体育运动，RR 基因型儿童都要比携带 X 等位基因的儿童获得更好的连续跳跃能力和速度耐力发展水平。

ACTN3 基因多态性影响运动表现的一种解释是 α-Actinin 参与了肌肉质量的调节。α-Actinin 在骨骼肌 Z 线结构中扮演着张力传感器的角色，而机械性张力介导了肌肉肥大信号的传导。研究发现，ACTN3 的缺乏会改变肌原纤维的弹性（Broos, 2012）。因此，ACTN3 基因多态性可能会影响肌肉收缩过程中对机械性拉伸的感应，进而影响肌肉肥大信号的传递，并导致肌肉质量的变化。

另一种可能的解释是，ACTN3 基因多态性能够对耐力项目和爆发力项目运动员的肌纤维含量产生影响。爆发力项目需要更多对运动表现有益的快肌纤维，有研究认为，ACTN3 能够通过与钙调节磷酸酶信号蛋白的交互作用促进快肌纤维的生长（Vincent, 2007），这一作用也可能解释了 ACTN3 基因多态性与爆发力素质间的关系。ACTN3 不同基因型对肌肉质量和肌纤维含量的可能影响提示，具备不同 ACTN3 基因型的个体，当接受到不同的运动刺激后，在运动能力的发展上可能存在差异。

然而，XX 基因型出现频率并不高，在欧洲人中只有 16%～19%，在亚洲和非洲人中则更少（Yang, 2009）。在本研究中，XX 基因型在汉族儿童中出现的频率只有 17%。并且 ACTN3 的缺失并不会导致明显的肌肉功能障碍，这可能是因为 ACTN2 的弥补作用[283]。因此，有研究认为，ACTN3 基因多态性对运动能力的影响可能更多的是表现在经过长时间训练的精英运动员中，而对于普通人运动能力的基线水平影响不大，但是会对接受运动干预后，运动能力变化的敏感性产生影响，并在研究中发现，不同 ACTN3 基因型个体的肌纤维含量、肌纤维横截面积和肌糖原含量在基线水平不存在显著差异，经过短跑训练后，XX 基因型个体产生的肌肉肥大信号显著小于 RR 和 RX 型（Norman, 2014）。

本研究也发现，在 50 米跑、仰卧起坐和深蹲跳的变化上存在显著的基因 × 环境交互作用。在 50 米跑和深蹲跳的变化上主要表现为，虽然不论何种 ACTN3 基因型，经常参加足球训练的儿童都比不参加的儿童在快速冲刺能力和下肢爆发力上得到更显著的提高，但是 RR 基因型的儿童参与足球训练后，他们的提高幅度更大。这可能是因为，RR 基因型为儿童肌肉爆发力的增长提供了潜在优势，而足球训练中包含了大量针对速度和下肢力量的练习内容，更多的足球训练会对肌肉爆发力产生更好的促进作用。在仰卧起坐的变化上，除了符合上述规律外，在对照组中，RR基因型儿童也表现出了更大的提升幅度。这可能是因为，根据儿童发育规律，躯干肌肉发育先于四肢肌肉。同时，仰卧起坐作为体质健康测试必测项目也是体育课的重点练习内容，因此对照组儿童在核心力量上也得到了较多锻炼，使RR基因型在爆发力素质发展上的优势得到体现。

但是，本研究没有发现ACTN3基因多态性对耐力素质相关指标变化的影响，这也说明，由ACTN3基因敲除鼠得出的X等位基因与耐力素质相关的结论在人类群体中的一致性仍存在争议，ACTN3基因多态性与耐力素质的关系仍需进一步深入探讨。

第五节　基因多态性对社会适应基线水平及变化的影响

情绪调节能力在儿童社会适应的发展过程中起着重要作用，当面对社会压力时，情绪调节能力较好的儿童会表现出较低水平的内化问题和外化问题，以及较好的自我调节能力，促进儿童的积极发展。因此，情绪调节相关的基因多态性与儿童社会适应之间的关系也得到了研究者们的关注。本节研究选择DRD2和COMT这两个在前期研究中被认为可能与个体情绪调节相关的基因多态性，在不考虑运动影响的情况下分析基因多态性对儿童基线社会适应水平和社会适应变化的影响。

一、DRD2基因多态性的作用

如表6-14所示，男生自尊、认知重评和社会适应的各维度及总分均不存在显著的基因型组间差异（$P>0.05$）。说明DRD2基因多态性不会显著影响男生自尊、认知重评和社会适应的基线水平。

如表6-15所示，女生在自尊上，基因型组间差异非常接近显著水平（$F=3.062$，$P=0.053$）。经事后检验发现，TT基因型的自尊水平显著高于TC基因型。而在认知重评和社会适应上，不同基因型之间的差异均不显著（$P>0.05$）。说明DRD2基因多态性不会显著影响女生认知重评和社会适应的基线水平。

表6-14　不同DRD2基因型男生社会适应基线水平的比较（M±SD）

变量	CC (*n*=28)	TC (*n*=45)	TT (*n*=18)	*F*	*P*
自我悦纳	5.46 ± 1.10	5.25 ± 0.92	5.10 ± 1.03	0.751	0.475
自我胜任	5.03 ± 1.02	4.93 ± 0.90	5.27 ± 0.88	0.825	0.442
自尊	5.24 ± 1.00	5.09 ± 0.79	5.19 ± 0.85	0.275	0.760
认知重评	5.15 ± 1.06	5.13 ± 1.01	4.94 ± 0.90	0.288	0.750
学习适应	5.44 ± 0.91	5.35 ± 0.82	5.42 ± 0.57	0.123	0.885
家庭适应	5.93 ± 0.69	5.59 ± 0.85	5.66 ± 0.63	1.736	0.182
人际适应	5.26 ± 1.03	5.10 ± 0.72	5.01 ± 0.87	0.513	0.601
社会适应	5.47 ± 0.81	5.32 ± 0.63	5.34 ± 0.50	0.489	0.615

表6-15　不同DRD2基因型女生社会适应基线水平的比较（M±SD）

变量	CC (*n*=27)	TC (*n*=32)	TT (*n*=15)	*F*	P
自我悦纳	4.96 ± 0.95	4.63 ± 0.92	5.23 ± 0.77	2.475	0.091
自我胜任	4.83 ± 0.71	4.69 ± 0.69	5.08 ± 0.50	1.806	0.172
自尊	4.90 ± 0.72	4.66 ± 0.63[&]	5.16 ± 0.59	3.062	0.053
认知重评	4.99 ± 0.97	4.91 ± 0.72	5.36 ± 0.69	1.610	0.207
学习适应	5.48 ± 0.63	5.45 ± 0.65	5.45 ± 0.79	0.023	0.977
家庭适应	5.51 ± 0.86	5.51 ± 0.79	5.44 ± 1.00	0.036	0.965
人际适应	5.21 ± 0.83	4.92 ± 0.62	5.23 ± 0.86	1.358	0.264
社会适应	5.40 ± 0.60	5.30 ± 0.53	5.38 ± 0.63	0.272	0.762

注：& 表示同 TT 基因型相比 *P*<0.05。

如表6-16所示，男生在人际适应的变化上，基因型组间差异非常显著（*F*=5.803，*P*<0.01）。经事后检验发现，CC 基因型个体的人际适应提高幅度非常显著地高于 TC 基因型和 TT 基因型。说明经过一学年的时间，CC 基因型男生要比携带 T 等位基因的男生在人际适应上得到更大的提升，而在其他变量上，基因型组间差异均不显著（*P*>0.05）。说明 DRD2 基因多态性不会显著影响男生这些心理品质的变化水平。

如表6-17所示，女生在各变量上，基因型组间差异均不显著（*P*>0.05）。说明 DRD2 基因多态性不会对女生整体自尊（包括自我悦纳与自我胜任）、认知重评和社会适应（包括学习、家庭、人际适应）的变化产生显著影响。

表6-16　不同DRD2基因型男生社会适应变化的比较（M±SE）

变量	CC（n=28）	TC（n=45）	TT（n=18）	F	P
Δ自我悦纳	0.70 ± 0.09	0.47 ± 0.07	0.62 ± 0.11	2.074	0.132
Δ自我胜任	0.61 ± 0.09	0.44 ± 0.07	0.31 ± 0.11	2.185	0.119
Δ自尊	0.66 ± 0.07	0.46 ± 0.06	0.46 ± 0.09	2.602	0.080
Δ认知重评	0.69 ± 0.12	0.49 ± 0.09	0.26 ± 0.15	2.585	0.081
Δ学习适应	0.51 ± 0.09	0.29 ± 0.07	0.34 ± 0.12	1.758	0.178
Δ家庭适应	0.46 ± 0.07	0.44 ± 0.06	0.51 ± 0.09	0.181	0.835
Δ人际适应	0.60 ± 0.08[##&&]	0.28 ± 0.06	0.26 ± 0.10	5.803	0.004
Δ社会适应	0.53 ± 0.07	0.32 ± 0.06	0.35 ± 0.09	2.900	0.060

注：表中为以各变量初始水平为协方差进行校正后的值；## 表示同 TC 型相比 $P<0.01$；&& 表示同 TT 型相比 $P<0.01$；Δ值为后测成绩—前测成绩。

表6-17　不同DRD2基因型女生社会适应变化的比较（M±SE）

变量	CC（n=27）	TC（n=32）	TT（n=15）	F	P
Δ自我悦纳	0.79 ± 0.09	0.73 ± 0.09	0.69 ± 0.13	0.213	0.809
Δ自我胜任	0.47 ± 0.11	0.53 ± 0.10	0.49 ± 0.15	0.066	0.936
Δ自尊	0.63 ± 0.09	0.65 ± 0.08	0.57 ± 0.12	0.147	0.864
Δ认知重评	0.54 ± 0.13	0.77 ± 0.12	0.58 ± 0.18	1.010	0.370
Δ学习适应	0.55 ± 0.10	0.47 ± 0.10	0.37 ± 0.14	0.585	0.560
Δ家庭适应	0.57 ± 0.08	0.49 ± 0.07	0.58 ± 0.10	0.386	0.681
Δ人际适应	0.36 ± 0.09	0.27 ± 0.09	0.35 ± 0.13	0.307	0.737
Δ社会适应	0.49 ± 0.08	0.42 ± 0.07	0.40 ± 0.11	0.360	0.699

注：表中为以各变量初始水平为协方差进行校正后的值；Δ值为后测成绩—前测成绩。

多巴胺（dopamine，DA）是人体中枢神经系统中十分重要的一种单胺类神经递质，在情绪、动机、认知和适应性行为的调节过程中有着关键作用。人体中枢系统多巴胺活性，特别是多巴胺受体活性，被认为在情绪障碍的发展中起着重要作用。DRD2是作用较大且研究较多的一类多巴胺受体，大多数的DRD2密集分布在纹状体的突触后膜，其中 D2 信号调节多项功能，包括奖赏行为和食欲。此外，D2 受体还分布于多巴胺神经元胞体、树突和轴突，通过调节神经动作电位频率和多巴胺的释放与合成来抑制多巴胺信号传导。近年来，许多遗传关联研究都集中在 DRD2 的 C/T 多态性上，前期研究发现，DRD2 T 等位基因与纹状体中多巴胺结合位点的减少有关。相对于 CC 基因型，T 等位基因携带者的 DRD2 密度降低 30% ~ 40%，并表现出纹状体及边缘区域葡萄糖代谢的减少，而这一区域对情绪调节十分重要（Chen，

2011）。因此，DRD2 T 等位基因被认为可能与情绪调节障碍有关。

许多前期研究也支持了这一假设。有研究认为，T 等位基因对儿童行为和抑郁的影响可能是源自情绪调节能力上的基础生理差异，这在儿童发展的早期阶段就能表现出来（Savitz，2013）。在一项针对成年男性的回顾性队列研究中发现，在随访过程中，T 等位基因携带者发生抑郁症的风险增加（Roetker，2012）。也有研究发现，携带 T 等位基因的学龄前儿童更容易出现早期焦虑和抑郁症状，并且在与父母的互动中表现出更高的负性情绪水平（Hayden，2010）。系统综述研究也发现，TC 基因型和 T 等位基因与升高的情绪障碍风险相关[284]。

本研究发现，在基线状态下，不同 DRD2 基因型的男生在自尊、认知重评、社会适应上均不存在显著差异；而在女生中，TC 基因型儿童的自尊水平显著低于 TT 基因型。由于自尊水平同个体情绪调节，特别是认知重评能力之间关系密切，因此 TC 基因型有可能对女生的情绪调节能力产生负面影响。事实上，在本研究中，TC 基因型女生的认知重评基线得分也是最低的，这也与前期研究中关于 TC 基因型负向影响情绪调节的结果一致。然而，本研究却发现，TT 基因型女生有着较高的自尊和认知重评得分，说明 C 等位基因可能对情绪调节产生负面影响。虽然也有前期研究发现了相似的结果[285]，但是这一矛盾结果的出现还是提示我们，DRD2 基因多态性对情绪调节能力初始水平的影响十分复杂，可能受其他基因多态性、种族、年龄、性别、环境等诸多因素的影响。DRD2 基因多态性如何影响情绪调节的机制仍需深入探讨。

在自尊、认知重评和社会适应的变化上，CC 基因型男生的人际适应提升幅度显著高于 TC 和 TT 基因型男生，而在女生中不同基因型之间并未发现显著差异。这说明 CC 基因型可能对小学男生的人际适应发展更有利。这可能是因为小学生的家庭环境相对稳定，而和同伴之间人际关系的建立则充满新的挑战。由于在本研究中所有研究对象都处在团结向上的班级氛围中，有着积极的人际环境，特别是男生人际交往更加频繁，接受的环境刺激也更多，而 CC 基因型被认为对环境刺激更加敏感[285]，因此 CC 基因型男生在人际交往上会接受更多的正向刺激，进而表现出更大的人际适应提升幅度。

二、COMT 基因多态性的作用

由于男女生中 COMT 基因 Met/Met 基因型人数较少，因此将 Met/Met 基因型与 Met/Val 基因型合并进行分析。如表 6-18 和表 6-19 所示，不论是在男生还是女生中，在各研究变量上，COMT Val/Val 基因型与 Met/Val+Met/Met 基因型之间均不存在显著差异（$P>0.05$）。说明 COMT 基因多态性不会显著影响儿童自尊、认知重评和社会适应的初始水平。

表6-18　不同COMT基因型男生社会适应基线水平的比较（M±SD）

变量	Val/Val (n=45)	Met/Val + Met/Met (n=46)	t	P
自我悦纳	5.26 ± 1.03	5.30 ± 0.97	-0.173	0.863
自我胜任	5.04 ± 0.98	5.01 ± 0.89	0.149	0.882
自尊	5.16 ± 0.89	5.16 ± 0.84	-0.019	0.985
认知重评	4.94 ± 0.91	5.26 ± 1.06	-1.540	0.127
学习适应	5.25 ± 0.68	5.53 ± 0.89	-1.714	0.090
家庭适应	5.60 ± 0.73	5.81 ± 0.80	-1.304	0.196
人际适应	5.06 ± 0.84	5.21 ± 0.86	-0.855	0.395
社会适应	5.25 ± 0.62	5.48 ± 0.69	-1.668	0.099

表6-19　不同COMT基因型女生社会适应基线水平的比较（M±SD）

变量	Val/Val (n=44)	Met/Val + Met/Met (n=30)	t	P
自我悦纳	4.86 ± 0.96	4.90 ± 0.88	-0.185	0.854
自我胜任	4.89 ± 0.70	4.72 ± 0.64	1.104	0.273
自尊	4.88 ± 0.68	4.81 ± 0.67	0.422	0.674
认知重评	4.96 ± 0.80	5.14 ± 0.85	-0.946	0.347
学习适应	5.46 ± 0.61	5.47 ± 0.75	-0.106	0.916
家庭适应	5.47 ± 0.86	5.54 ± 0.84	-0.375	0.709
人际适应	5.08 ± 0.63	5.10 ± 0.92	-0.083	0.935
社会适应	5.34 ± 0.54	5.37 ± 0.63	-0.200	0.842

如表6-20所示，男生在认知重评的变化上，基因型组间差异显著（$F=4.577$，$P<0.05$），Val/Val基因型个体认知重评的提高幅度显著大于携带Met等位基因的个体。在学习适应和整体社会适应的变化上，基因型组间差异也非常显著（$F=11.633$，$P<0.01$；$F=8.939$，$P<0.01$），Val/Val基因型个体学习适应和社会适应的提高幅度均非常显著地大于Met等位基因携带个体。说明经过一学年的时间，Val/Val基因型男生要比携带Met等位基因的男生在认知重评、学习适应和社会适应上得到更大的提升。在其余变量的变化上，基因型组间差异均不显著（$P>0.05$）。说明COMT基因多态性不会对男生整体自尊（包括自我悦纳与自我胜任）、家庭适应和人际适应的变化产生显著影响。

如表6-21所示，女生在自我胜任、学习适应、家庭适应和整体社会适应上，基因型组间差异均显著（$F=6.423$，$P<0.05$；$F=10.209$，$P<0.01$；$F=15.808$，$P<0.01$；$F=10.920$，$P<0.01$），Val/Val 基因型的自我胜任、学习适应、家庭适应和社会适应提高幅度均显著大于 Met 等位基因携带个体。说明经过一学年的时间，Val/Val 基因型女生要比携带 Met 等位基因的女生在这些心理品质上得到更大的提升。在其余变量的变化上，基因型组间差异均不显著（$P>0.05$）。说明 COMT 基因多态性不会对女生这些心理品质的变化产生显著影响。

表 6-20　不同 COMT 基因型男生社会适应变化的比较（M±SE）

变量	Val/Val（$n=45$）	Met/Val + Met/Met（$n=46$）	F	P
⊿自我悦纳	0.56 ± 0.07	0.59 ± 0.07	0.085	0.771
⊿自我胜任	0.52 ± 0.07	0.42 ± 0.07	0.947	0.333
⊿自尊	0.54 ± 0.06	0.50 ± 0.06	0.179	0.673
⊿认知重评	0.65 ± 0.09[#]	0.37 ± 0.09	4.577	0.035
⊿学习适应	0.54 ± 0.07[##]	0.20 ± 0.07	11.633	0.001
⊿家庭适应	0.52 ± 0.06	0.41 ± 0.06	1.852	0.177
⊿人际适应	0.42 ± 0.07	0.33 ± 0.07	1.054	0.307
⊿社会适应	0.50 ± 0.06[##]	0.27 ± 0.05	8.939	0.004

注：表中为以各变量初始水平为协方差进行校正后的值；# 表示同 Met/Val + Met/Met 型相比 $P<0.05$；## 表示同 Met/Val + Met/Met 型相比 $P<0.01$；⊿ 值为后测成绩－前测成绩。

表 6-21　不同 COMT 基因型女生社会适应变化的比较（M±SE）

变量	Val/Val（$n=44$）	Met/Val + Met/Met（$n=30$）	F	P
⊿自我悦纳	0.75 ± 0.07	0.73 ± 0.09	0.048	0.827
⊿自我胜任	0.63 ± 0.08[#]	0.31 ± 0.10	6.423	0.013
⊿自尊	0.69 ± 0.07	0.52 ± 0.08	2.791	0.099
⊿认知重评	0.64 ± 0.10	0.67 ± 0.12	0.036	0.851
⊿学习适应	0.63 ± 0.08[##]	0.25 ± 0.09	10.209	0.002
⊿家庭适应	0.68 ± 0.05[##]	0.34 ± 0.07	15.808	0.000
⊿人际适应	0.37 ± 0.07	0.23 ± 0.09	1.499	0.225
⊿社会适应	0.56 ± 0.06[##]	0.26 ± 0.07	10.920	0.001

注：表中为以各变量初始水平为协方差进行校正后的值；# 表示同 Met/Val + Met/Met 型相比 $P<0.05$；## 表示同 Met/Val + Met/Met 型相比 $P<0.01$；⊿ 值为后测成绩－前测成绩。

影响中枢系统多巴胺活性的因素除了多巴胺受体效能，还包括一系列调节多巴胺降解的催化酶。其中，COMT 能够通过催化包括多巴胺在内的儿茶酚胺类递质在 3 位羟基上的甲基化来降解这些递质，从而调控这些神经递质的活性。已有研究发现，中脑边缘系统（或称大脑奖励系统）能够通过奖赏感的产生激励人们去完成必要的基本活动。这一奖赏系统主要包括伏隔核、纹状体、海马、杏仁核、眶额叶皮质和前额叶皮质，它们从腹侧被盖区获得多巴胺投射，而这些区域中过量的多巴胺会被 COMT 降解，特别是在前额叶中（Tunbridge, 2006）。因此，COMT 的活性与多巴胺功能的发挥有着密切关系，而 Met 等位基因会使 COMT 活性降低 1/4～1/3 倍（Männistö, 1999）。因此，COMT Met 等位基因被认为可能与抑郁症、强迫症、双向情感障碍等情绪调节障碍有关。

许多前期研究也支持了这一假设。例如有研究发现，在瑞典人中，同对照组相比，男性抑郁个体表现出更高频率的 Met/Met 和 Met/Val 基因型，而 Val/Val 基因型个体要比携带 Met 等位基因的个体表现出更高的动机水平（Åberg, 2011）。影像学研究发现，Met 纯合子个体在情感的语言表达上存在更多困难。此外，Met 等位基因还与后扣带回的激活减弱有关（Swart, 2011）。然而，也有研究发现了相反的结果，健康女性日常生活中有效情绪调节的运用与 COMT Met 等位基因相关，而 Val/Val 基因型女性在有效情绪调节运用上得分最低（Weiss, 2014）。相似的研究也发现，在正常状态下，COMT Met 等位基因与女性更健康的情绪状态和更低的皮质醇水平相关，与 Val 纯合子相比，Met 等位基因携带者表现出较低的情绪障碍评分和感知压力（Hill, 2108）。可见目前关于 COMT 基因多态性与情绪调节能力之间关系的研究仍存在争议。

本研究发现，在基线状态下，不论是男生还是女生，在自尊、认知重评、社会适应的总分及各维度得分上，不同 COMT 基因型之间没有显著差异。这一结果也同一项关于中国健康青年人的研究相似（徐佳圆, 2016）。这也提示，民族、性别、健康状况、任务状态以及其他情绪调节基因的共同作用都可能是影响 COMT 基因多态性与情绪调节能力之间关系的潜在因素，COMT 基因多态性影响情绪调节的特征与机制仍需深入探讨。

在自尊、认知重评和社会适应的变化上，Val/Val 基因型男生的认知重评、学习适应和总体社会适应的提高幅度都显著高于携带 Met 等位基因的男生。同时，Val/Val 基因型女生自我胜任、学习适应、家庭适应和总体社会适应的提高幅度也都显著高于携带 Met 等位基因的女生。这说明 Val/Val 基因型虽然对儿童自我胜任、认知重评和社会适应的基线水平影响不显著，但是会为这些心理品质的发展提供更有利的遗传基础。不论是在更积极的足球运动环境中还是在普通的运动环境中，具备 Val/Val 基因型的儿童，这些品质都会得到更好的发展。这可能与 Val/Val 基因型个体具有更大的额叶体积，以及增加的小脑、脑干和海马旁回灰质体积，从而具备更好的认知资源有关[286]。

第六节　基因环境交互效应对社会适应变化的影响

越来越多的研究发现，遗传因素与环境因素对情绪调节的影响往往不是独立的，基因与环境交互作用于个体的情绪调节。因此，本节内容对 DRD2 和 COMT 基因多态性同足球运动环境的交互效应对儿童社会适应发展的影响进行分析，以期为运动干预过程中儿童社会适应发展出现差异的原因从遗传因素的角度提供可能解释。

一、DRD2 基因多态性与运动环境的交互效应

如表 6-22 所示，在自我悦纳的变化上，基因型与组别的交互作用显著 [$F_{(1, 160)}$ = 3.990，$P<0.05$]。进一步简单效应检验发现，实验组不同基因型之间不存在显著差异（$P>0.05$），而对照组 CC 基因型个体的自我悦纳提高幅度要显著高于 TC 基因型和 TT 基因型。在 TC 和 TT 基因型儿童中，实验组的自我悦纳提高幅度均非常显著地高于对照组。而在 CC 基因型儿童中，实验组与对照组之间不存在显著差异（$P>0.05$）。从图 6-3（a）中可以更直观地看出，足球运动环境能够显著促进儿童自我悦纳的提升，并且这一促进作用在携带 T 等位基因的儿童中更明显。

表 6-22　各组别中不同 DRD2 基因型儿童社会适应变化的比较（M±SE）

变量	CC		TC		TT	
	EG (*n*=36)	CG (*n*=19)	EG (*n*=48)	CG (*n*=29)	EG (*n*=22)	CG (*n*=11)
⊿自我悦纳	0.77 ± 0.07	0.67 ± 0.10## &	0.76 ± 0.06**	0.29 ± 0.08	0.86 ± 0.09**	0.25 ± 0.13
⊿自我胜任	0.64 ± 0.08*	0.35 ± 0.11	0.74 ± 0.07**	0.03 ± 0.09	0.50 ± 0.10	0.18 ± 0.14
⊿自尊	0.70 ± 0.06	0.52 ± 0.08## &	0.76 ± 0.05**	0.17 ± 0.06	0.68 ± 0.07**	0.18 ± 0.10
⊿认知重评	0.84 ± 0.09**	0.19 ± 0.12	1.02 ± 0.07** &&	-0.05 ± 0.10	0.52 ± 0.11*	0.10 ± 0.16
⊿学习适应	0.72 ± 0.06	0.17 ± 0.10	0.64 ± 0.06	-0.10 ± 0.08	0.54 ± 0.09	-0.04 ± 0.08
⊿家庭适应	0.53 ± 0.06	0.49 ± 0.09	0.52 ± 0.06	0.38 ± 0.07	0.64 ± 0.08	0.33 ± 0.11
⊿人际适应	0.69 ± 0.06	0.08 ± 0.09	0.50 ± 0.06	-0.09 ± 0.07	0.44 ± 0.08	0.00 ± 0.11
⊿社会适应	0.67 ± 0.05	0.20 ± 0.07	0.58 ± 0.04	0.03 ± 0.07	0.54 ± 0.06	0.03 ± 0.09

注：表中为以各变量初始水平为协方差进行校正后的值；* 表示同对照组相比 $P<0.05$；** 表示同对照组相比 $P<0.01$；## 表示同 TC 型相比 $P<0.01$；& 表示同 TT 型相比 $P<0.05$；&& 表示同 TT 型相比 $P<0.01$。

在自我胜任的变化上，基因型与组别的交互作用显著 [$F_{(1, 160)}$ = 3.602，$P<0.05$]。进一步简单效应检验发现，在实验组和对照组中，不同基因型之间均不存在显著差异（$P>0.05$）。在 CC 和 TC 基因型儿童中，实验组的自我胜任提高幅度均显著高于对照组。在 TT 基因型儿童中，实验组与对照组之间不存在显著差异。从

图 6-3（b）中可以更直观地看出，足球运动环境能够显著促进儿童自我胜任的提升，并且这一促进作用在 TC 基因型儿童中更明显。

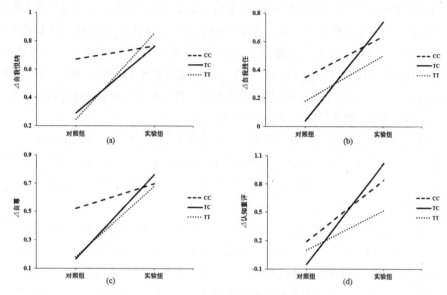

图 6-3　DRD2 基因多态性与足球运动的交互效应

在整体自尊的变化上，基因型与组别的交互作用非常显著 $[F_{(1, 160)} = 5.644$，$P<0.01]$。进一步简单效应检验发现，实验组不同基因型之间不存在显著差异（$P>0.05$），而对照组 CC 基因型儿童的整体自尊提高幅度要显著高于 TC 和 TT 基因型。在 TC 和 TT 基因型儿童中，实验组的整体自尊提高幅度均非常显著地高于对照组，而在 CC 基因型儿童中，实验组与对照组之间不存在显著差异（$P>0.05$）。从图 6-3（c）中可以更直观地看出，足球运动环境能够显著促进儿童自尊的提升，并且这一促进作用在携带 T 等位基因的儿童中更明显。

在认知重评的变化上，基因型与组别的交互作用非常显著 $[F_{(1, 160)} = 5.050$，$P<0.01]$。进一步简单效应检验发现，实验组 TC 基因型儿童的认知重评提高幅度非常显著地高于 TT 基因型，而对照组不同基因型之间不存在显著差异（$P>0.05$）。同时，在三类基因型中，实验组儿童的认知重评提高幅度均显著高于对照组。从图 6-3（d）中可以更直观地看出，足球运动环境能够显著促进儿童认知重评的提升，并且这一促进作用在携带 C 等位基因的儿童中更明显。

根据生理社会发展模型，暴露于不利环境将增加携带相关功能缺陷基因儿童发生情绪和行为问题的风险，并且基因功能的缺陷会通过气质增强儿童对不利环境的敏感性（Beauchaine，2007）。例如有国外研究发现，对于携带 5-HTTLPR SS 和 SL

基因型的青少年，同伴侵害水平与抑郁水平正相关，而在 LL 基因型青少年中，这一关系并不显著（Iyer, 2013）。国内研究也发现，MAOA 基因 G/T 多态性与母亲支持性教养交互作用于青少年抑郁，母亲支持性教养能负向预测 GG 基因型青少年的抑郁，但对 TT 基因型青少年无显著预测作用（曹丛，2016）。可以说，由基因多态性带来的环境敏感性差异在环境对个体情绪和行为的影响过程中起到了调节作用。同样，对于 DRD2 基因多态性而言，由于 T 等位基携带者纹状体中 DRD2 密度降低，可能会使中脑—边缘系统中多巴胺能发生变化，进而对个体在不同环境刺激下认知功能、情绪调节、奖赏行为的变化产生影响。

部分前期研究也支持了这一假设。例如有研究发现，同 CC 基因型相比，在任务状态下，携带 T 等位基因的儿童对负面反馈更加敏感，而对正面反馈的敏感性降低（Althaus, 2009）。也有研究发现，DRD2 基因多态性与环境的交互作用在调节一般性肥胖中起着重要作用，处于良好营养环境中的 TT 基因型个体更有可能发生肥胖（Suniti, 2016）。还有研究发现了相反的结果，具有 DRD2 CC 基因型并且感受到较少父母支持的儿童具有最高的基线孤独感水平，而携带 T 等位基因的儿童则不易受到父母支持有益效果的影响（Roekel, 2011）。当然，也有研究发现，DRD2 基因多态性与父母积极养育在对儿童抑郁症发展轨迹的影响上没有交互作用[287]。总之，目前关于 DRD2 基因多态性与环境交互作用的研究相对较少，结论也存在争议，仍需进一步深入探讨。

本研究发现，在自我悦纳、自我胜任和整体自尊的变化上，均存在显著的基因 × 环境交互作用。表现为在自我悦纳的变化方面，具有 TC 和 TT 基因型的儿童在不接触足球运动环境影响时，其自我悦纳的提升幅度相对较低，而一旦参与到积极的足球运动环境中后，自我悦纳的提升幅度明显提高，表现出较高的环境敏感性。具有 CC 基因型的儿童，不论是否接触积极运动环境，自我悦纳的提高幅度都不存在差异，表现出较低的环境敏感性。

在自我胜任的变化方面，具有 TC 基因型的儿童在不接触足球运动环境时，其自我胜任的提升幅度相对较低，而一旦参与到积极的足球运动环境中后，自我胜任的提升幅度明显提高，表现出较高的环境敏感性。而具有 TT 和 CC 基因型的儿童在接受足球运动环境干预后，自我胜任的提升幅度都要低于 TC 基因型。

在整体自尊方面，基因 × 环境交互作用的特征同自我悦纳的变化相似。总体表现为，在对照组中，相对于 CC 基因型 T 等位基因降低了儿童自尊的提升幅度，而在实验组中，CC 基因型在促进儿童自尊提升上的潜在优势并没有得到进一步发挥，反而对于 T 等位基因，积极的足球运动环境显著弥补了其在促进自尊提升上的潜在劣势，显示出了积极的"补短"作用。在一项关于工作记忆的研究中也发现了相似的 T 等位基因与环境的交互作用特征，虽然相对于 CC 基因型，T 等位基因携带者表现出较低的腹侧纹状体活性和工作记忆能力，但是在进行充满奖励性的认知功能训练时，T 等位基因携带者的腹侧纹状体激活更加敏感，并伴随着工作记忆的更大幅度提升[288]。而工作记忆作为重要的认知功能，对于儿童顺利完成日常学习和运动训练任务，进而提升自尊水平有着积极意义。

另外，在认知重评的变化上，虽然实验组不同 DRD2 基因型儿童的认知重评提升幅度都要显著高于对照组，但是具有 TC 和 CC 基因型的儿童提升幅度更大，而在对照组中，不同基因型之间的认知重评的变化不存在显著差异。总体来说，足球运动环境中的儿童会在认知重评上获得更加显著的提升，同时，这一提升作用在携带 C 等位基因的儿童中更加明显。

二、COMT 基因多态性与运动环境的交互效应

由于在实验组和对照组中 COMT 基因 Met/Met 基因型人数较少，因此将 Met/Met 基因型与 Met/Val 基因型合并进行分析。如表 6-23 所示，在自我胜任和整体自尊的变化上，基因型与组别的交互作用显著 [$F_{(1, 160)} = 6.123$，$P<0.05$；$F_{(1, 160)} = 3.948$，$P<0.05$]。进一步简单效应检验发现，实验组中不同基因型之间不存在显著差异（$P>0.05$），而对照组 Val/Val 基因型儿童的自我胜任和整体自尊提升幅度非常显著地大于 Met 等位基因携带者。在 Val/Val 基因型和 Met 等位基因携带者中，实验组的自我胜任和整体自尊提高幅度均非常显著地大于对照组。从图 6-4（a、b）中可以更直观地看出，足球运动环境能够显著促进儿童自我胜任和整体自尊的提升，并且这一促进作用在携带 Met 等位基因的儿童中更明显。

在学习适应、人际适应和整体社会适应的变化上，基因型与组别的交互作用均非常显著 [$F_{(1, 160)} = 9.787$，$P<0.01$；$F_{(1, 160)} = 25.239$，$P<0.01$；$F_{(1, 160)} = 16.206$，$P<0.01$]。进一步简单效应检验发现，在人际适应上，实验组不同基因型之间不存在显著差异（$P>0.05$），而对照组 Val/Val 基因型儿童的人际适应提升幅度均非常显著地大于 Met 等位基因携带者；在学习适应和整体社会适应上，不论是在实验组或对照组中，Val/Val 基因型儿童的学习适应和整体社会适应提升幅度均非常显著地大于 Met 等位基因携带者。同时，在 Val/Val 基因型和携带 Met 等位基因的儿童中，实验组的学习适应、人际适应和整体社会适应提高幅度均非常显著地大于对照组。从图 6-4（c、d、e）中可以更直观地看出，足球运动环境能够显著促进儿童学习适应、人际适应和整体社会适应的提升，并且这一促进作用在携带 Met 等位基因的儿童中更明显。

表6-23　各组别中不同COMT基因型儿童社会适应变化的比较（M±SE）

变量	Val/Val			Met/Val + Met/Met		
	EG (*n*=57)	CG (*n*=32)	合计 (*n*=89)	EG (*n*=49)	CG (*n*=27)	合计 (*n*=76)
⊿自我悦纳	0.78 ± 0.06	0.42 ± 0.08	0.60 ± 0.05	0.79 ± 0.06	0.40 ± 0.09	0.59 ± 0.05
⊿自我胜任	0.69 ± 0.06**	0.36 ± 0.08##	0.52 ± 0.05	0.62 ± 0.07**	-0.07 ± 0.09	0.27 ± 0.05
⊿自尊	0.73 ± 0.05**	0.40 ± 0.06##	0.57 ± 0.04	0.71 ± 0.05**	0.15 ± 0.07	0.43 ± 0.04
⊿认知重评	0.88 ± 0.07	0.22 ± 0.09	0.55 ± 0.06##	0.83 ± 0.08**	-0.14 ± 0.10	0.34 ± 0.06
⊿学习适应	0.76 ± 0.05**##	0.28 ± 0.06##	0.52 ± 0.04	0.52 ± 0.05**	-0.34 ± 0.07	0.09 ± 0.04
⊿家庭适应	0.67 ± 0.05	0.46 ± 0.06	0.56 ± 0.04##	0.40 ± 0.05	0.35 ± 0.07	0.37 ± 0.04
⊿人际适应	0.51 ± 0.05**	0.20 ± 0.06##	0.36 ± 0.04	0.60 ± 0.05**	-0.28 ± 0.07	0.16 ± 0.04
⊿社会适应	0.67 ± 0.03**##	0.29 ± 0.05##	0.48 ± 0.03	0.52 ± 0.04**	-0.20 ± 0.05	0.16 ± 0.03

注：表中为以各变量初始水平为协方差进行校正后的值；* 表示同对照组相比 $P<0.05$；** 表示同对照组相比 $P<0.01$；## 表示同Met 等位基因携带者相比 $P<0.01$。

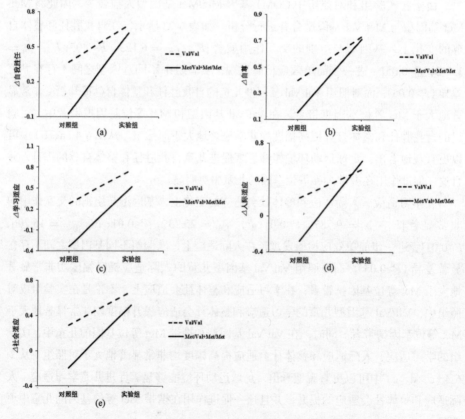

图6-4　COMT基因多态性与足球运动的交互效应

在其他社会适应相关指标的变化上，基因型与组别的交互作用均不显著（$P>0.05$），而组别差异均显著（$P<0.05$）。说明足球运动环境能够显著促进儿童自我悦纳、认知重评和家庭适应的提升，并且这一促进作用不受 COMT 基因多态性的影响。

COMT Val158Met 基因多态性在神经心理学领域得到了较多研究，因为它在大脑多巴胺、去甲肾上腺素和肾上腺素信号传导中起着核心作用。虽然 COMT 基因多态性被认为与抑郁、焦虑之间都可能存在联系，但研究结果却存在争议，有研究没有发现 COMT 基因多态性与神经质、焦虑和抑郁之间的关系（Wray, 2008），有研究发现 Val/Val 基因型与抑郁有关，也有研究发现 Met/Met 基因型与抑郁有关（Domschke, 2010）。这些矛盾的结果可以用多巴胺水平与前额叶功能之间的倒 "U" 形关系来解释，这一模型认为最佳的前额叶功能存在于狭窄的多巴胺含量和信号传导范围之内，过多或过少的多巴胺含量都会损害前额叶功能，不论是低 COMT 活性的 Met/Met 基因型，还是高 COMT 活性的 Val/Val 基因型，当与内在因素（例如，其他多巴胺能系统基因多态性）或者外部环境刺激相结合时，都有可能产生极端的多巴胺含量调节反应，并对大脑功能产生负面影响（Morice, 2007）。因此，与 COMT 基因型本身相比，情绪调节可能更多地受到与环境刺激相结合的个体遗传特征的影响。

部分前期研究也支持了这一假设，例如有研究发现，在抑郁症的潜在影响因素中，存在基因型和童年家庭问题之间显著的交互作用。携带 Met 等位基因并且具有童年家庭问题的个体患抑郁症的风险更高（Aberg, 2011）。也有研究发现，同 Val 等位基因相比，Met 等位基因虽然与边缘区域和前额叶皮层的活性增加相关，但对抗抑郁治疗却可能具有更好的效应[289]。与 Val/Val 基因型相比，Met/Met 和 Met/Val 基因型个体的抑郁症发病率显著降低。同时，在正常养育环境下，Met 等位基因对抑郁症的发生有显著的保护作用。这一结果说明，基因多态性能够部分解释儿童暴露于早期社会心理剥夺后恢复能力上的差异（Drury, 2010）。近期关于中国儿童的研究也发现，在反应性攻击上，COMT 基因多态性与父母积极养育之间存在交互效应，具有 Met 等位基因的青少年当接受低水平的父母积极养育时，表现出更多的反应性攻击，而当接受高水平的父母积极养育时，则表现出更少的反应性攻击[290]。可以看出，目前关于 Val 和 Met 等位基因与环境交互作用的结果尚存在争议，关注点也多集中在情绪调节障碍和不良社会行为上，而关于健康儿童积极社会适应行为的研究尚不多见。

本研究发现，在自我胜任和整体自尊的变化上，均存在显著的基因 × 环境交互作用。表现在自我胜任的变化上，携带 Met 等位基因的儿童在不接触足球运动环境时，其自我胜任几乎没有变化，而一旦参与到积极的足球运动环境中，自我胜任的提升幅度明显提高，表现出较高的环境敏感性。对于 Val/Val 基因型的儿童，虽然接触足球运动环境的个体在自我胜任的提高幅度上也显著高于对照组，但是变化幅度小于 Met 等位基因携带者，表现出相对较低的环境敏感性。在整体自尊的变化上，基因 × 环境交互作用的特征同自我胜任的变化相似。总体表现为，在对照组中 Met 等位基因降低了儿童自尊的提升幅度，而在积极的足球运动环境中，所有儿童的自尊变化水平都得到了显著提升，并且这一提升作用在 Met 等位基因携带者中更加明显。

另外，在学习适应、人际适应和总体的社会适应变化上，也均存在显著的基因 × 环境交互作用。表现在学习适应的变化上，携带 Met 等位基因的儿童在不接触足球运动环境时，其学习适应略有下降，而一旦参与到积极的足球运动环境中来，学习适应的提升幅度明显提高，表现出较高的环境敏感性。对于 Val/Val 基因型儿童，虽然接触足球运动环境后学习适应的提高幅度也显著高于对照组，但变化幅度要小于 Met 等位基因携带者，表现出相对较低的环境敏感性。在人际适应变化上，COMT 基因多态性与足球运动环境的交互作用特征和学习适应基本相似。

当将学习适应、家庭适应和人际适应合并分析后，在总体社会适应方面，基因 × 环境交互作用的特征总体表现为，在对照组中，Met 等位基因对社会适应的变化产生了负向影响，而在积极的足球运动环境中，所有儿童的社会适应变化水平都得到了显著提升，并且这一提升作用在 Met 等位基因携带者中更加明显。

综合前期研究与本文研究的结果可以看出，虽然 Val 等位基因在促进儿童自尊和社会适应的发展上可能更具优势，但 Met 等位基因表现出了比 Val 等位基因更强的环境敏感性，当接触积极的环境影响时会表现出更大幅度的社会适应变化。

第七节　本章小结

本章研究的主要结论如下：

基因多态性对儿童基线体能和社会适应的影响比较有限。在体能初始水平上，ACE 基因多态性仅对男生的下肢爆发力和女生的平衡能力有显著影响；ACTN3 基因多态性仅对女生的冲刺能力和速度耐力有显著影响。在社会适应基线水平上，DRD2 基因多态性仅对女生自尊水平有显著影响；COMT 基因多态性则对各项社会适应相关指标均无显著影响。

基因多态性能够对儿童体能和社会适应的变化产生一定影响。在体能变化上，

ACE 基因多态性对男生冲刺能力和最大摄氧量的变化，及女生冲刺能力、核心力量、速度耐力和最大摄氧量的变化有显著影响；ACTN3 基因多态性对男生冲刺能力、核心力量、下肢爆发力和快速跳跃能力的变化，及女生快速跳跃能力的变化有显著影响。在社会适应变化上，DRD2 基因多态性仅对男生人际适应的变化有显著影响；COMT 基因多态性对男生认知重评、学习适应和社会适应的变化，及女生自我胜任、学习适应、家庭适应和社会适应的变化有显著影响。

基因多态性能够在一定程度上调节足球运动环境对儿童体能和社会适应的影响。对于 ACE II 基因型儿童来说，足球运动环境对反应时和最大摄氧量提升更为显著，对于 D 等位基因携带者来说，足球运动环境对灵敏性提升更为显著；对于 ACTN3 RR 基因型儿童来说，足球运动环境对冲刺能力、核心力量和下肢爆发力提升更为显著；对于 DRD2 T 等位基因携带者来说，足球运动环境对自尊提升更为显著；对于 C 等位基因携带者来说，足球运动环境对认知重评提升更为明显；对于 COMT Met 等位基因携带者而言，足球运动环境对自尊和社会适应提升更为显著。

本章研究的主要启示为：

基因多态性能够在一定程度上影响运动干预的儿童体能和社会适应促进效果。这一方面为儿童在不同运动环境中体能和社会适应发展的分层现象提供了一部分的可能解释；另一方面也提示我们在制订运动方案和教育方案时，如果综合考虑基因多态性的影响，则会对儿童体能和社会适应的发展起到更好的促进作用，实现对体质健康的全面促进、精准促进。当然，在儿童体能和社会适应的发展上，基因与环境的交互作用机制十分复杂，本研究所得出的初步结论还需通过后续更严谨的神经影像学及动物模型研究进行验证，并对其机制进行更深入的探讨。

第七章　研究总结及展望

本章主要包括三方面内容：首先，对整个研究的主要结论、创新点和局限性进行总结；其次，将研究发现和结论与体质健康促进模式创新和新时代学校体育工作改革相结合，提出有针对性的意见和建议；最后，在大数据技术与体质健康促进不断融合的背景下，提出未来儿童体质健康促进社会生态学模式的智能化升级方向。

第一节　研究总结

一、主要研究结论

儿童的运动坚持水平与锻炼动机和参与运动的社会支持环境相关，同时，运动坚持水平不仅直接与体能、认知重评、自尊和社会适应相关，还会通过体能、认知重评和自尊间接影响社会适应。

儿童体质健康促进社会生态学模式，主要包括微系统层面的深化课程改革、优化训练体系、完善校园联赛和丰富体育文化，以实现实践载体创新；中间系统层面的拓宽家校合作平台、加强学科联合育人、优化部门协作机制，以实现管理模式创新；外层系统层面的加强师资队伍建设、增强教师工作能力、解决发展后顾之忧，以实现制度保障创新；宏系统层面的学校体育价值宣传、学校体育政策制定，以实现发展理念创新。

基于社会生态理论设计的系统性，足球运动环境能够更有效地提升儿童的运动坚持性，进而通过对体能、认知重评和自尊更加显著的改善，最终促进社会适应的更好发展，实现体质健康的全面提升，特别是在最大摄氧量、认知重评和人际适应的促进上，足球运动环境具有独特价值。

足球运动环境对儿童体质健康的促进作用在一定程度上受到 ACE、ACTN3、DRD2、COMT 等基因多态性的影响，表现为上述基因的特定多态性能分别使儿童在足球运动环境中获得更好的体能与社会适应发展。

这些研究发现显示，体能与社会适应作为体质的重要组成部分，两者之间是相互联系的。体能的发展能够在一定程度上促进社会适应的提升，这为以校园足球为代表的团队运动项目育人价值的拓展提供了理论依据。而为了使学校体育运动的体质健康促进价值得到充分发挥，则应从社会生态理论的视角入手，进行多系统的科学设计，通过多方面的相互配合、联合发力，加强儿童锻炼动机的培养和运动社会支持环境的营造，提升儿童的运动坚持水平。同时，除了应在学校体育运动开展过程中加强对儿童体能和社会适应能力的针对性培养外，还应额外关注儿童锻炼坚持、认知重评和自尊的提升，以实现学校体育运动体质健康促进效益的最大化和可持续发展。另外，若能综合考虑基因多态性的影响，则会对儿童体质健康的发展起到更好的促进作用。

二、研究创新与局限

本研究的内容创新主要表现在：

第一，综合分析运动环境对儿童体能和社会适应的影响及基因多态性的作用，相较于从单一维度出发的研究，能够更全面地揭示运动环境中儿童体质健康发展的特征与规律，为丰富体育运动促进儿童体质健康发展的遗传学基础，以及儿童体质健康促进方案的科学设计提供更深入的理论依据。

第二，将社会生态理论应用于体质健康促进模式设计。相较于单纯从个体内部出发进行的体质健康促进模式设计，教师、家长的支持度和学生的参与度更高，模式实施的可持续性更强，对儿童体质健康的促进效益也更大，为儿童体质健康促进模式的科学设计提供了更有效的实践指导。

本研究的方法创新主要表现在：

调查与实验相结合的研究设计，既通过横向的路径分析研究构建了各研究变量之间的结构方程模型，探讨了变量间的作用关系，为体质健康促进社会生态学模式的设计提供参考；又通过纵向的实践检验研究检验体质健康促进社会生态学模式的实施效果，弥补量化研究的不足，并从因果关系的角度进一步验证运动环境影响儿童体质健康发展的作用路径，弥补横断面研究的不足，提升了研究结论的科学性。

本研究也存在一定的局限：

首先，本研究在实践效果检验部分只分析了以足球运动为载体的体质健康促进社会生态学模式在促进儿童体质健康发展上的作用效果，并没有分析其他运动项目的作用。所得出的结论是否具有足球运动的特异性，只能局限于可能性分析，并不能给出严谨的科学结论。

其次，本研究在实践效果检验部分的研究对象只限于身体素质较好但没有接受过系统体育训练的小学 3~4 年级儿童，所得出的研究结论是否适用于其他运动基础以及年龄段的儿童，尚不能给出肯定回答。

最后，由于基因多态性的研究尚处在探索阶段，在综合考虑研究时间以及研究成本等因素后，本研究只挑选了部分与体能和社会适应可能存在较高相关性的基因进行重点分析，并未对更多的基因多态性位点进行分析，也并未同相关生化指标和神经影像指标进行联合分析。因此，本研究尚不能对在运动环境影响儿童体能和社会适应发展过程中基因多态性产生作用的生理、心理机制给出更为明确的科学结论。

因此，今后应当从以下几方面继续深入研究：首先，应加强不同运动项目在促进儿童体能和社会适应发展作用上的特异性与普适性研究，为更有针对性的儿童体质健康促进方案设计提供理论依据。其次，应进一步扩大研究群体，深入分析在体质健康发展上运动环境和基因多态性对不同运动基础和不同年龄儿童的作用效果，为体质健康促进方案的个性化设计提供理论依据。最后，还应将生理生化分析、神经影像分析等研究方法与基因多态性研究相结合，进而对基因多态性影响儿童在运动过程中体能与社会适应发展的生理、心理机制做出更严谨的科学解释。

第二节　研究建议

本研究的主要目的是建立一个基于社会生态学理论的系统性儿童体质健康促进模式，并对其作用效果和内在机制进行分析与探讨。然而，任何一种体质健康促进模式的创新，以及新的作用规律与机制的发现，只有与实践应用紧密结合才能充分发挥其研究价值。因此，本节内容将针对当前儿童体质健康促进和学校体育工作改革的切实需求，应用本书的研究成果提出针对性建议。

一、对于体质健康促进提质增效的建议

加强中小学健康促进，增强青少年体质，已然成为促进中小学生健康成长和全面发展的重要途径。为了实现中小学健康促进行动的预期目标，行动计划对个人层面、家庭层面、学校层面和政府层面应完成的主要任务进行了说明，其中就包括个人层面的科学运动，培养终身运动的习惯；家庭层面的营造良好家庭体育运动氛围，引导孩子养成终身锻炼习惯；学校层面的强化体育课和课外锻炼，确保每天1小时以上体育活动时间；政府层面的完善学生健康体检制度和学生体质健康监测制度等。

可以看出，锻炼坚持行为的激发是实现中小学生体质健康促进的前提条件，而家庭、学校和政府的大力支持则是促进中小学生锻炼坚持、提升中小学生体质健康

的必要保障。那么，应该如何有效提升中小学生的锻炼坚持水平，并实现体质健康的全面促进呢？

本研究发现，儿童的体育锻炼坚持水平受到个体运动动机和社会支持环境的共同影响。主要表现为锻炼动机能够显著预测个体的锻炼坚持程度，锻炼动机越高，其锻炼坚持水平也越高。同时，不同类型的锻炼动机对于锻炼坚持的影响也有差异，针对小学生群体，在参与运动的五大动机中，健康动机、乐趣动机和能力动机与锻炼坚持之间的关系最为密切，而外貌动机和社交动机并不是这一年龄段儿童参与运动的主要动机，并且能力动机和健康动机是预测小学生锻炼坚持的普遍性动机，而随着运动水平的提升，乐趣动机的重要性也不断增强。

这提示我们，在进行学生体育锻炼促进方案设计时，应具有一定的针对性，根据不同类型学生的特点，有重点地满足学生的个性化锻炼动机需求，进而实现锻炼坚持行为的激发。例如，针对没有运动基础的小学生，首先应加强专项运动技能的培养，一方面让学生掌握自主锻炼的方法，另一方面让学生在掌握技能的过程中满足提升运动能力的心理需求；其次应加强基本身体素质的培养，满足学生发展身体健康的需求。而针对已经具备一定运动基础的学生，除了要满足其对于进一步发展运动技能和提升身体素质的需求外，更重要的是通过形式多样的运动游戏与比赛，满足其对体验运动乐趣的心理需求。

总体来看，随着社会支持水平的提升，学生的锻炼动机也更容易转化为锻炼坚持行为。对于没有运动基础的学生来说，教师支持和同伴支持对锻炼动机和锻炼坚持之间的关系起到了正向调节作用，其中同伴支持的调节作用最大；而对于具备一定运动基础的学生来说，父母支持、教师支持和同伴支持均对锻炼动机和锻炼坚持之间的关系起到了正向调节作用，其中教师支持的作用最大。

这提示我们，父母支持是决定学生锻炼坚持水平和运动能力水平的重要因素，应加强父母层面的运动与健康知识教育，提升父母对鼓励儿童参加体育锻炼的重视程度，充分发挥父母在监督学生完成体育家庭作业、营造家庭体育运动氛围方面的积极作用。为了鼓励没有运动基础的学生积极参与体育锻炼，应当着力构建同伴之间相互陪伴和鼓励的运动支持环境；而对于具备一定运动基础的学生来说，为了促进其运动技能的进一步提升，则应当为其提供更加专业的教师指导。

在体质健康的五维结构中，身体形态、机能和素质构成了体质健康的外在体现，是实现社会适应的生理基础；心理发展构成了体质健康的内在体现，是社会适应的心理基础；而社会适应则是体质健康的综合表现，反映了人与外界环境的和谐状态。可以说，只有实现身体形态、机能、素质、心理发育和社会适应的全面提升，才能实现中小学生健康成长和全面发展。单纯强调体能训练的体质健康促进方案，其弊端也越来越明显。

本研究发现，儿童的运动坚持水平不仅直接与体能、认知重评、自尊和社会适应相关，还会通过体能、认知重评和自尊间接影响社会适应。这提示我们，体质健康的组成要素是相互作用与联系的。为了使学校体育的体质健康促进效益最大化，促进儿童体质健康全面发展，不仅要在设计体育活动内容时关注儿童体能与社会适应的培养，还要额外关注锻炼坚持、认知重评和自尊的提升。这其实也与学校体育"享受乐趣、增强体质、健全人格、锤炼意志"的立德树人目标相契合。

二、对于深化新时代学校体育工作改革的建议

学校体育是实现立德树人根本任务、提升学生综合素质的基础性工程，是加快推进教育现代化、建设教育强国和体育强国的重要工作，对于弘扬社会主义核心价值观，培养学生爱国主义、集体主义、社会主义精神和奋发向上、顽强拼搏的意志品质，实现以体育智、以体育心，具有独特功能，并在不断深化教学改革和积极完善评价机制等工作内容中多次将促进学生体质健康列入其中，可见体质健康促进工作已经成为新时代学校体育工作的重中之重。那么如何以体质健康促进为契机，实现新时代学校体育工作的改革创新呢？

本研究构建了儿童体质健康促进的社会生态学模式，为教育主管部门制定儿童体质健康促进政策，以及基层学校开展系统性的体质健康促进行动提供了理论依据与实践参考。研究结果提示我们，不论是相对具体的学生体质健康促进工作，还是相对广泛的学校体育改革工作，都是系统性工程，包含多个层级系统之间的复杂作用关系。想要将这些工作落到实处，形成可持续发展的局面，就要对影响这些工作开展的不同层级社会生态系统中的因素进行整理、归纳与分析，进而设计针对性的解决方案以提升工作效果。

根据社会生态学理论，影响个体或事物发展的环境由一组从近（家庭、同伴群体）到远（社会价值观、政策法规）相互嵌套的系统组合而成，不同系统之间相互作用，由外及内影响个体或事物的发展。其中，微系统包括与个体直接接触的因素，如父母、同伴、教师、学校环境等；中间系统包括多个微系统之间的关系，如父母与学校的关系、教师与学校的关系等；外层系统包括与个体不直接接触但会对个体行为产生影响的因素，如父母的工作环境、学校的领导机构等；宏系统包括大范围的文化、政策环境，如传统文化观念、国家教育政策等。这为我们在开展不同工作的过程中分析哪些因素会产生影响，这些因素各自属于哪一层级系统，提供了分析视角与方法。

例如，本研究在儿童体质健康促进社会生态学模式构建部分遵循的基本思路就

是：首先，从微系统、中间系统、外层系统和宏系统的四个维度入手，对影响体质健康促进的重要因素进行系统梳理。其次，针对这些因素，通过调查与访谈相结合的形式，分析当前学校体质健康促进工作开展的制约因素。最后，针对各系统中存在的问题，提出针对性的解决方案，即在微系统层面应深化课程改革，优化训练体系，完善校园联赛和丰富体育文化；在中间系统层面应拓宽家校合作平台，加强学科联合育人，优化部门协作机制；在外层系统层面应加强师资队伍建设，增强教师工作能力，解决发展的后顾之忧；在宏系统层面应加强学校体育价值宣传，完善学校体育政策制定。

将这一思路应用于其他学校体育工作改革同样适用。所需要注意的是要结合不同时期、不同地区、不同学校类型的特点，以及不同学校体育工作的改革目标，具体问题具体对待，除了共性问题，一定要发现影响不同工作开展效果的个性化问题，综合分析不同影响因素间的作用关系，寻找关键点，进而采用系统论的思维方式，设计各个关键点的针对性解决方案，以实现新时代学校体育工作改革的高质量发展。

第三节　研究展望

在大数据、5G、人工智能等新一代信息技术不断发展的背景下，加快信息化时代教育变革，充分挖掘体质健康大数据的决策指导价值，构建智能化的体质健康促进模式，已成为实现智慧体育推动体育高质量发展和运动促进青少年体质健康创新的重要途径。如何对传统体质健康促进模式进行智慧化升级，准确定位学生体质健康的薄弱环节和影响运动参与的关键因素，进而实现个性化干预方案的制订，将是未来体质健康促进研究领域的重点。

一、建立基于数据驱动的体质健康智能促进模式

在体质健康促进研究领域，传统"一刀切"的运动干预模式由于忽略了学生的个体差异，在促进学生体质整体提升上的效果并不尽如人意。但是，由于体质健康影响因素的复杂性，目前单靠体育教师很难实现"一人一策"的体质健康促进，必须依靠智慧化的分析与干预手段实现上述目标。

伴随着大数据技术的快速发展，我们已经从信息时代快速跨入了"数据驱动"的"智慧时代"。数据驱动新范式正在迫使学校体育重新审视自己的思维模式和服务模式，从"基于资源解决问题"的传统认知逐步转向"基于数据解决问题"的创新思

维，依托数据驱动的创新与深化，推进学校体育的供给侧结构性改革，深度发挥学校体育在学生课内外体育锻炼过程中的创新支持能力和智慧服务能力。这为体质健康的智能促进提供了新范式。

在未来，一方面可以从运动负荷监测系统、学生家庭锻炼指导系统、学生运动竞赛分析系统、学生体质健康管理系统和体育优质课直播评价系统入手，构建立体化的中国学校体育智慧系统，实现基于智能穿戴、图像识别和5G技术的学生课内外体育活动情况监控与分析，家庭体育锻炼监督指导，学生赛事参与、赛事组织情况记载、分析与管理，学生体质健康状况的智能分析，以及优质体育课程资源共享、教学监控与评价（吴键，2020）。另一方面，可以从技术开发入手，通过大数据挖掘，实现问题特征与成因分析以及治理问题与需要的预判，形成精准治理政策匹配备选集，提升靶向精准治理能力，进而驱动青少年体质健康促进（李冲，2019）。

二、利用大数据技术完善锻炼行为生态学模型

儿童体质健康促进的核心是提升儿童的体育锻炼坚持行为，不论是已有的锻炼行为生态学模型，还是本研究构建的体质健康促进社会生态学模式，其共同点都是按照个体、人际、组织、社区和政策，或者微观、中间、外层、宏观的系统分层方式，将众多复杂的影响因素进行分类，并探讨不同因素、不同层级系统间的作用关系。

但是，由于模型包含因素复杂，且传统统计方法在运算能力上存在局限，目前关于锻炼行为生态学模型不同系统之间的作用规律仍解释不详，而大数据挖掘技术以其对海量数据内在关系的智能化分析能力，为解决这一问题提供了有效途径。

在未来的研究中，除了目前在 SPSS 环境下使用较多的皮尔逊相关、方差分析、线性回归、逻辑回归等统计方法，还可以通过 Python、R 等大数据分析软件环境下的 TF-IDF 词空间向量算法，综合考虑行为类型权重、时间衰减系数和行为出现次数的影响，进而系统性分析锻炼生态学模型中各影响因素的重要程度；通过同现矩阵的方法，对众多影响因素进行深度挖掘，计算各影响因素间的相关性，并以此为依据进行影响因素的聚类，进而系统性分析锻炼生态学模型中各影响因素间的作用关系，从而进一步完善锻炼行为生态学理论体系，实现大数据技术与体质健康促进深度融合。

三、开发儿童体质健康用户画像系统

用户画像的概念最初由交互设计之父 Cooper 提出，旨在根据不同的用户行为、动机等将用户分为不同的类型，从中抽取每类用户的共同特征，进而构建真实用户

的虚拟代表。随着大数据时代的到来和人工智能、机器学习技术的发展，学者们对用户画像的概念进行了拓展，即从海量的系统数据中提取描述用户需求、偏好和兴趣的用户的标签集合。

基于主体不同，用户画像主要分为个体用户画像和群体用户画像。前者可以直接反映出具体用户的行为、需求、兴趣、偏好等特点，多用于深入全面地了解用户需求，实现个性化搜索、推荐和用户行为预测等领域；后者可以对具有不同特征的用户进行聚类，从多维度对用户进行细分并提供相应服务，多用于探索群体行为特征规律、支持决策制定等领域。

由于体质健康受到个体特征与环境特征的综合影响，想要实现体质健康的精准干预就必须全面了解个体的内外特征，传统统计方法很难实现。而用户画像技术，以其对用户大数据的深度挖掘，能够提取群体或个体的详细标签特征，这为实现儿童体质健康智能促进提供了有效的新途径。

在未来，可以按照用户画像的开发流程与方法：第一步，从与儿童体质健康相关的评价指标体系、特征属性指标体系和锻炼生态指标体系入手，构建全面的数据指标体系，完成大数据采集，并开发体质健康画像大数据库；第二步，综合运用逻辑回归、线性回归、随机森林、TF-IDF 词空间向量、同现矩阵等数据挖掘算法，实现儿童体质健康画像标签特征提取，并通过标签云、人像结合标签、基本统计图形等形式，实现画像系统的可视化操作；第三步，开发运动处方库，并通过基于案例推理和基于规则推理相结合的形式，采用概念相似度算法，实现运动处方的智能推荐；第四步，构建系统性的体质健康智能促进实施模式，在实践应用中检验体质健康画像系统和智能促进模式的应用效果，实现系统升级与模式优化。最终开发出具有实践应用价值的儿童体质健康用户画像系统，为实现体质健康促进智能化提供工具与方法支撑。

参考文献

[1] Darling RC, Ludwig WE, Heath CW, et al. *Physical fitness*[J]. *Journal of the American Medical Association*, 1948(13): 66-73.

[2] Caspersen CJ, Powell KE, Christenson GM. *Physical activity, exercise, and physical fitness: definitions and distinctions for health-related research*[J]. *Public Health Reports*, 1985, 100(2): 126-129.

[3] 张兴奇，方征. 美国体质概念的嬗变及对我国体质研究的启示 [J]. 体育文化导刊, 2016, (10): 62-66.

[4] 于涛，魏丕勇. "健康" 语境中的 "体质" 概念辨析 [J]. 天津体育学院学报, 2008, 23(2): 134-136.

[5] 蒯放. 根源、属性、范畴：论体质的内涵及其与健康的关系 [J]. 山东体育学院学报, 2014, 30(5): 34-38.

[6] 何雪德，龚波，刘喜林. 体能概念的发展演绎着新时期训练思维的整合 [J]. 南京体育学院学报, 2005, 19(1): 9-13.

[7] 全国体育学院教材委员会. 运动训练学 [M]. 北京：人民体育出版社, 2000.

[8] 袁运平. 我国高水平男子百米跑运动员体能训练理论体系的研究 [D]. 北京：北京体育大学, 2002.

[9] Sharon A. Plowman, Marilu D. Meredith. *FITNESSGRAM®/ACTIVITY-GRAM®Reference Guide(4th Edition)* [M]. Dallas: The Cooper Institute, 2013.

[10] 孙双明，叶茂盛. 美、俄、日和欧盟学生体质健康测试概述 [J]. 北京体育大学学报, 2017, 40(3): 86-91.

[11] 教育部. 教育部关于印发《国家学生体质健康标准（2014 年修订）》的通知 [EB/OL]. 北京：中华人民共和国教育部局, 2014-7-7[2017-10-2].

[12] 陈翀. 我国 U17 男子足球运动员体能评价指标体系的构建和标准的建立 [D]. 北京：北京体育大学, 2016.

[13] 林崇德，杨治良，黄希庭. 心理学大辞典（下卷）[M]. 上海：上海教育出版社, 2003.

[14] 聂衍刚，林崇德，彭以松，等. 青少年社会适应行为的发展特点 [J]. 心理学

报，2008，40（9）：1013-1020.

[15] 张大均. 大学生社会适应的心理学研究刍议 [J]. 西南大学学报（社会科学版），2014，40（6）：79-85.

[16] Chen X, Rubin KH, Li D. *Relation between academic achievement and social adjustment: evidence from Chinese children*[J]. *Dev Psychol*, 1997，33（3）：518-525.

[17] 邹泓，余益兵，周晖，等. 中学生社会适应状况评估的理论模型建构与验证 [J]. 北京师范大学学报（社会科学版），2012，（1）：65-72.

[18] 杨彦平. 中学生社会适应量表的编制 [D]. 上海：华东师范大学，2007.

[19] 唐东辉，陈庆果. 北京市青少年学生人体适应能力结构理论研究 [J]. 北京体育大学学报，2010，33（2）：71-73.

[20] Bangsbo J. *Energy demands in competitive soccer*[J]. *J Sports Sci*, 1994，12：S5-12.

[21] Pekas D, Trajković N, Krističević T. *Relation between fitness tests and match performance in junior soccer players*[J]. *Sport Science*, 2016，9（2）：88-92.

[22] Rouissi M, Chtara M, Owen A. *Effect of leg dominance on change of direction ability among young elite soccer players*[J]. *Journal of Sports Sciences*, 2015，34（6）：1-7.

[23] Huerta OÁ, Galdames MS, Cataldo GM, et al. *Effects of a high intensity interval training on the aerobic capacity of adolescents*[J]. *Rev Med Chil*, 2017，145（8）：972-979.

[24] Milanović Z, Pantelić S, Čović N, et al. *Is Recreational Soccer Effective for Improving VO2max A Systematic Review and Meta-Analysis*[J]. *Sports Med*, 2015，45（9）：1339-1353.

[25] Nejmeddine O, Marwa K, Sami B, et al. *Effects of a high-intensity intermittent training program on aerobic capacity and lipid profile in trained subjects*[J]. *Open Access J Sports Med*, 2014，5：243-248.

[26] Milanović Z, Pantelić S, Sporiš G, et al. *Health-Related Physical Fitness in Healthy Untrained Men: Effects on VO2max, Jump Performance and Flexibility of Soccer and Moderate-Intensity*[J]. *PLoS One*, 2015，10（8）：e0135319.

[27] Söderman K, Bergström E, Lorentzon R, et al. *Bone Mass and Muscle Strength in Young Female Soccer Players*[J]. *Calcif Tissue Int*, 2000，67（4）：297-303.

[28] Peñailillo L, Espíldora F, Jannasvela S, et al. *Muscle Strength and Speed Performance in Youth Soccer Players*[J]. *J Hum Kinet*, 2016，50：203-210.

[29] Kuriu A, Jarani J. *Strength and Speed Comparison in Youth Soccer Players in*

One Year of Trainning[J]. *Mediterranean Journal of Social Sciences*, 2015, 6 (4): 354-357.

[30] Krustrup P, Aagaard P, Nybo L, et al. *Recreational football as a health promoting activity: a topical review*[J]. *Scand J Med Sci Sports*, 2010, 1: 1-13.

[31] Mcfarland I, Dawes JJ, Elder C, et al. *Relationship of Two Vertical Jumping Tests to Sprint and Change of Direction Speed among Male and Female Collegiate Soccer Players*[J]. *Sports (Basel)*, 2016, 4(1): 11-17.

[32] Jakobsen MD, Sundstrup E, Krustrup P, et al. *The effect of recreational soccer training and running on postural balance in untrained men*[J]. *European Journal of Applied Physiology*, 2011, 111(3): 521-530.

[33] Helge EW, Randers MB, Hornstrupe T, et al. *Street football is a feasible health‐enhancing activity for homeless men: Biochemical bone marker profile and balance improved*[J]. *Scand J Med Sci Sports*, 2014, 24(S1): 122-129.

[34] 陈爱国, 殷恒婵. 运动、儿童执行功能与脑的可塑性 [M]. 北京: 北京体育大学出版社, 2011.

[35] Chen AG, Zhu LN, Yan J, et al. *Neural Basis of Working Memory Enhancement after Acute Aerobic Exercise: fMRI Study of Preadolescent Children*[J]. *Front Psychol*, 2016, 7: 1804-1813.

[36] 江大雷, 曾从周. 8 周中等强度足球运动游戏对学龄前儿童执行功能发展的影响 [J]. 中国体育科技, 2015, 51(2): 43-49.

[37] 张廷安. 开展校园足球活动需要理念引领 [J]. 北京体育大学学报, 2015, 38(8): 112-117.

[38] Seabra AC, Seabra AF, Brito J, et al. *Effects of a 5-month football program on perceived psychological status and body composition of overweight boys*[J]. *Scand J Med Sci Sports*, 2014, 24(1): 10-16.

[39] Faude O, Kerper O, Multhaupt M, et al. *Football to tackle overweight in children*[J]. *Scand J Med Sci Sports*, 2010, 20(1): 103-110.

[40] Schwimmer JB, Burwinkle TM, Varni JW. *Health-related quality of life of severely obese children and adolescents*[J]. *Child Care Health & Development*, 2004, 30(1): 94-95.

[41] 余益兵. 校园人际关系对社会适应类型的预测作用 [J]. 中国特殊教育, 2018, 3: 91-95.

[42] Elbe AM, Strahler K, Krustrup P, et al. *Experiencing flow in different types of*

physical activity intervention programs: three randomized studies[J]. *Scand J Med Sci Sports*, 2010, 20(1): 111-117.

[43] Ottesen L, Jeppesen RS, Krustrup BR. *The development of social capital through football and running: studying an intervention program for inactive women*[J]. *Scand J Med Sci Sports*, 2010, 20(1): 118-131.

[44] 陈善平，李树苗. 体育锻炼行为坚持机制 [M]. 西安：西安交通大学出版社，2007.

[45] 王振宏. 学习动机的认知理论与应用 [M]. 北京：中国社会科学出版社，2009.

[46] Litt DM, Iannotti RJ, Wang J. *Motivations for adolescent physical activity*[J]. *Journal of Physical Activity & Health*, 2011, 8(2): 220-226.

[47] Kim SJ, Cho BH. *The effects of empowered motivation on exercise adherence and physical fitness in college women*[J]. *J Exerc Rehabil*, 2013, 7(9): 278-285.

[48] Sibley BA, Hancock L, Bergman SM. *University students exercise behavioral regulation, motives, and physical fitness*[J]. *Perceptual & Motor Skills*, 2013, 116 (1): 322-339.

[49] 俞国良. 社会性发展 [M]. 郑璞，译. 北京：中国人民大学出版社，2014.

[50] Maltby J, Day L. *The relationship between exercise motives and psychological well-being*[J]. *Journal of Psychology*, 2001, 135(6): 651-660.

[51] Janssen I, Leblanc AG. *Systematic review of the health benefits of physical activity and fitness in school-aged children and youth*[J]. *Int J Behav Nutr Phys Act*, 2010, 7(1): 40-56.

[52] 唐东辉，杜晓红，陈庆果，等. 青少年学生身体自我满意度的现状及分析 [J]. 中国体育科技，2008，44(2): 60-61.

[53] Moran K. Effects of *Exercise on Social Rejection, Anger, and Aggression*[J]. *Journal of Food Biochemistry*, 2013, 38(1): 92-101.

[54] 张岩，李树旺，高富贵，等. 我国当代大学生体育参与与社会化进程的实证研究 [J]. 体育与科学，2013，34(3): 111-114.

[55] Rosenberg M, Schooler C, Schoenbach C, et al. *Global self-esteem and specific self-esteem: Different concepts, different outcomes*[J]. *American Sociological Review*, 1995, 60(1): 141-156.

[56] Jafari MRD. *Evaluation the Relation between Self-Esteem and Social Adjustment Dimensions in High school Female Students of Iran*[J]. *International Journal of Academic*

Research in Psychology, 2014, 1（2）：42-49.

[57] Lau EYH, Chan KKS, Lam CB. *Social Support and Adjustment Outcomes of First-Year University Students in Hong Kong*: *Self-Esteem as a Mediator*[J]. *Journal of College Student Development*, 2018, 59（1）：129-134.

[58] Spence JC, Mcgannon KR, Poon P. *The effect of exercise on global self-esteem*: *a quantitative review*[J]. *Journal of Sport & Exercise Psychology*, 2005, 27（3）：311-334.

[59] Gross JJ. *Emotion regulation*: *Affective, cognitive, and social consequences*[J]. *Psychophysiology*, 2002, 39（3）：281-291.

[60] 赵鑫, 史娜, 张雅丽, 等. 人格特质对社会适应不良的影响：情绪调节效能感的中介作用 [J]. 中国特殊教育, 2014, 8: 86-92.

[61] Nadergrosbois N, Mazzone S. *Emotion Regulation, Personality and Social Adjustment in Children with Autism Spectrum Disorders*[J]. *Article in Psychology*, 2014, 5（15）：1750-1767.

[62] Edwards MK, Rhodes RE, Loprinzi PD. *A Randomized Control Intervention Investigating the Effects of Acute Exercise on Emotional Regulation*[J]. *American Journal of Health Behavior*, 2017, 49（5）：673-674.

[63] 张艺帆, 殷恒婵, 崔蕾, 等. 运动干预影响女大学生情绪调节策略：执行功能的中介作用 [J]. 天津体育学院学报, 2017, 32（5）：455-460.

[64] Gross JJ, John OP. *Individual differences in two emotion regulation processes*: *implications for affect, relationships, and well-being*[J]. *J Pers Soc Psychol*, 2003, 85（2）：348-362.

[65] Nezlek JB, Kuppens P. *Regulating Positive and Negative Emotions in Daily Life*[J]. *Journal of Personality*, 2010, 76（3）：561-580.

[66] Pozuelo DP, Notario B. *Resilience as a mediator between cardiorespiratory fitness and mental health□related quality of life*: *A cross□sectional study*[J]. *Nursing and Health Sciences*, 2017, 19: 316-321.

[67] Aadland KN, Moe VF, Aadland E, et al. *Relationships between physical activity, sedentary time, aerobic fitness, motor skills and executive function and academic performance in children*[J]. *Mental Health & Physical Activity*, 2017, 12: 10-18.

[68] Jeoung BJ, Hong MS, Lee YC. *The relationship between mental health and health-related physical fitness of university students*[J]. *Journal of Exercise Rehabilitation*, 2013, 9（6）：544-548.

[69] Gerber M, Endes K, Brand S, et al. *In 6- to 8-year-old children, cardiorespira-*

tory fitness moderates the relationship between severity of life events and health-related quality of life[J]. *Quality of Life Research*, 2017, 26(3): 1-12.

[70] Sheinbein ST, Petrie TA, Martin S, et al. *Psychosocial Mediators of the Fitness-Depression Relationship within Adolescents*[J]. *Journal of Physical Activity & Health*, 2016, 13(7): 719-725.

[71] Fragnani SG, Gonzáles AI, Lemos RR, et al. *Impact of isolated aerobic exercise in obese adolescents: systematic review*[J]. *Sport Sciences for Health*, 2017, 13(3): 1-7.

[72] Haugen T, Ommundsen Y, Seiler S. T*he relationship between physical activity and physical self-esteem in adolescents: the role of physical fitness indices*[J]. *Pediatric Exercise Science*, 2013, 25(1): 138-153.

[73] Chen HC. *The Impact of Children's Physical Fitness on Peer Relations and Self-Esteem in School Settings*[J]. *Child Indicators Research*, 2015, 9(2): 1-16.

[74] Branscum P, Bhochhibhoya A. *Exploring Gender Differences in Predicting Physical Activity Among Elementary Aged Children: An Application of the Integrated Behavioral Model*[J]. *American Journal of Health Education*, 2016, 47(4): 234-242.

[75] Latorre-Román PA, Martínez-Redondo M, Salas-Sánchez J, et al. *Physical activity during recess in elementary school: Gender differences and influence of weight status*[J]. *South African Journal for Research in Sport*, 2017, 39(3): 57-66.

[76] Telford A. *Association of family environment with children's television viewing and with low level of physical activity*[J]. *Obesity Research*, 2005, 13(11): 1939-1951.

[77] Tautra CV. *Parental socioeconomic status and change in physical activity among children attending a family-based obesity treatment program*[D].Norwegian: Ntnu, 2013: 1-21.

[78] Čokorilo R, Jakšić D. *Level of family education and physical activity of the preschool child*[D]. Novi Sad: Faculty of Sport and Physical Education University of Novi Sad, 2009: 1-148.

[79] Wang X, Liu QM, Ren YJ, et al. *Family influences on physical activity and sedentary behaviours in Chinese junior high school students: a cross-sectional study*[J]. *Bmc Public Health*, 2015, 15(1): 1-9.

[80] Morrissey JL, Wenthe PJ, Letuchy EM, et al. *Specific Types of Family Support and Adolescent Non-school Physical Activity Levels*[J]. *Pediatric Exercise Science*, 2012, 24(3): 333-346.

[81] Chen H, Sun H, Dai J. *Peer Support and Adolescents' Physical Activity: The*

Mediating Roles of Self-Efficacy and Enjoyment[J]. *Journal of Pediatric Psychology*, 2017, 42(5): 569-577.

[82] Kantanista A, Osinski W, Bronikowski M, et al. *Physical Activity of Under-weight, Normal Weight and Overweight Polish Adolescents: The Role of Classmate and Teacher Support in Physical Education*[J]. *European Physical Education Review*, 2013, 19(3): 347-359.

[83] 张军，尚志强. 基于运动承诺的城市居民付费体育锻炼坚持研究 [J]. 北京体育大学学报，2009, 32(3): 36-39.

[84] Burke SM, Vanderloo LM, Gaston A, et al. *An Examination of Self-Reported Physical Activity and Physical Activity Self-Efficacy Among Children with Obesity*[J]. *RE-TOS. Nuevas Tendencias en Educación Física*, 2015, 28: 212-218.

[85] Lu FJ, Lin JH, Hsu YW, et al. *Adolescents' physical activities and peer norms the mediating role of self-efficacy*[J]. *Percept Mot Skills*, 2014, 118(2): 362-374.

[86] Hu L, Cheng S, Lu J, et al. *Self-Efficacy Manipulation Influences Physical Activity Enjoyment in Chinese Adolescents*[J]. *Pediatric Exercise Science*, 2016, 28 (1): 143-151.

[87] Lewis BA, Williams DM, Frayeh AL, et al. *Self-Efficacy versus Perceived En-joyment as Predictors of Physical Activity Behavior*[J]. *Psychology & Health*, 2015, 31(4): 456-469.

[88] Cheng KY, Cheng PG, Mak KT, et al. *Relationships of perceived benefits and barriers to physical activity, physical activity participation and physical fitness in Hong Kong female adolescents*[J]. *J Sports Med Phys Fitness*, 2003, 43(4): 523-529.

[89] Brustad RJ. *Attraction to physical activity in urban schoolchildren: parental so-cialization and gender influences*[J]. *Res Q Exerc Sport*, 1996, 67(3): 316-323.

[90] Beets MW, Cardinal BJ, Alderman BL. *Parental social support and the physical activity-related behaviors of youth: a review*[J]. *Health Education & Behavior*, 2010, 37 (5): 621-644.

[91] Peterson MS, Lawman HG, Wilson DK, et al. *The association of self-efficacy and parent social support on physical activity in male and female adolescents*[J]. *Health Psychol*, 2013, 32(6): 666-674.

[92] Giffordsmith M, Dodge KA, Dishion TJ, etc. *Peer influence in children and adolescents: crossing the bridge from developmental to intervention science*[J]. *Journal of Abnormal Child Psychology*, 2005, 33(3): 255-265.

[93] Sirard JR, Bruening M, Wall MM, et al. *Physical Activity and Screen Time in Adolescents and Their Friends*[J]. *American Journal of Preventive Medicine*, 2013, 44(1): 48-55.

[94] Morrissey JL, Janz KF, Letuchy EM, et al. *The effect of family and friend support on physical activity through adolescence: a longitudinal study*[J]. *Int J Behav Nutr Phys Act*, 2015, 12(1): 103-112.

[95] Doak CM, Visscher TL, Renders CM, et al. *The prevention of overweight and obesity in children and adolescents□ a review of interventions and programmes*[J]. *Obes Rev*, 2006, 7(1): 111-136.

[96] Marteau TM, Hollands GJ, Fletcher PC. *Changing human behavior to prevent disease: The importance of targeting automatic processes*[J]. *Science*, 2012, 337 (6101): 1492-1495.

[97] Langford R, Bonell C, Jones H, et al. *The World Health Organization's Health Promoting Schools framework: a Cochrane systematic review and meta-analysis*[J]. *Bmc Public Health*, 2015, 15(1): 130-145.

[98] Bonell C, Jamal F, Harden A, et al. *Systematic review of the effects of schools and school environment interventions on health: evidence mapping and synthesis*[J]. *Bmc Public Health*, 2013, 1(1): 1-320.

[99] Morton KL, Atkin AJ, Corder K, et al. *The school environment and adolescent physical activity and sedentary behaviour: a mixed□studies systematic review*[J]. *Obesity Reviews*, 2016, 17(2): 142-158.

[100] 陈佩杰，翁锡全，林文弢. 体力活动促进型的建成环境研究：多学科、跨部门的共同行动 [J]. 体育与科学, 2014, 35(1): 22-25.

[101] Rind E, Jones A. *"I used to be as fit as a linnet"- beliefs, attitudes, and environmental supportiveness for physical activity in former mining areas in the North-East of England*[J]. *Social Science & Medicine*, 2015, 126: 110-118.

[102] Kaczynski AT, Potwarka LR, Saelens BE. *Association of park size, distance, and features with physical activity in neighborhood parks*[J]. *American Journal of Public Health*, 2008, 98(8): 1451-1456.

[103] Van DD, Cerin E, Conway TL, et al. *Perceived neighborhood environmental attributes associated with adults' leisure-time physical activity: findings from Belgium, Australia and the USA*[J]. *Health & Place*, 2013, 19(1): 59-68.

[104] Wang Y, Chau CK, Ng WY, et al. *A review on the effects of physical built en-*

vironment attributes on enhancing walking and cycling activity levels within residential neighborhoods[J]. Cities, 2016, 50: 1-15.

[105] 韩慧，郑家鲲. 西方国家青少年体力活动相关研究述评——基于社会生态学视角的分析 [J]. 体育科学，2016，36(5)：62-67.

[106] 代俊，陈瀚，李菁，等. 社会生态学理论视域下影响青少年运动健康行为的因素 [J]. 上海体育学院学报，2017，41(3)：35-40.

[107] Sawczuk M, Maciejewska A, Cięszczyk P, et al. *The role of genetic research in sport*[J]. *Science & Sports*, 2011, 26(5): 251-258.

[108] Collins M, Xenophontos SL, Cariolou MA, et al. *The ACE gene and endurance performance during the South African Ironman Triathlons*[J]. *Med Sci Sports Exerc*, 2004, 36(8): 1314-1320.

[109] Shahmoradi S, Ahmadalipour A, Salehi M. *Evaluation of ACE gene I/D in Iranian elite athletes*[J]. *Adv Biomed Res*, 2014, 3: 207-213.

[110] 魏琦，杜亚雯，廖晶晶，等. 优秀赛艇运动员 ACE 基因 I/D 多态性与耐力表型的关联研究 [J]. 基因组学与应用生物学，2017，36(5)：1743-1748.

[111] 艾金伟，刘盈，李德胜，等. ACE 基因插入 / 缺失多态性与运动员耐力型运动能力关联性的 Meta 分析 [J]. 中国循证医学杂志，2016，16(4)：392-402.

[112] Ash GI, Scott RA, Deason M, et al. *No association between ACE gene variation and endurance athlete status in Ethiopians*[J]. *Med Sci Sports Exerc*, 2011, 43 (4): 590-597.

[113] Orysiak J, Zmijewski P, Klusiewicz A, et al. *The association between ACE gene variation and aerobic capacity in winter endurance disciplines*[J]. *Biol Sport*, 2013, 30(4): 249-253.

[114] Oh S, Komine S, Warabi E, et al. *Nuclear factor (erythroid derived 2) -like 2 activation increases exercise endurance capacity via redox modulation in skeletal muscles*[J]. *Sci Rep*, 2017, 7: 12902-12912.

[115] Eynon N, Ruiz JR, Bishop DJ, et al. *The rs12594956 polymorphism in the NRF-2 gene is associated with top-level Spanish athlete's performance status*[J]. *J Sci Med Sport*, 2013, 16(2): 135-139.

[116] Eynon N, Sagiv M, Meckel Y, et al. *NRF2 intron 3 A/G polymorphism is associated with endurance athletes' status*[J]. *J Appl Physiol*, 2009, 107(1): 76-79.

[117] Eynon N, Alves AJ, Sagiv M, et al. *Interaction between SNPs in the NRF2 gene and elite endurance performance*[J]. *Physiol Genomics*, 2010, 41(1): 78-81.

[118] 何子红，胡扬，李燕春，等. 从核呼吸因子基因多态性位点中筛选预测优秀耐力运动员的分子标记 [J]. 中国运动医学杂志，2013，32（8）：671-677.

[119] 魏琦，范家成，杜亚雯. 四种基因位点多态性与运动员耐力表型的关联 [J]. 中国组织工程研究，2018，22（16）：2508-2513.

[120] Eynon N, Meckel Y, Sagiv M, et al. *Do PPARGC1A and PPARα polymorphisms influence sprint or endurance phenotypes*[J]. *Scand J Med Sci Sports*, 2010, 20(1): e145-150.

[121] Tural E, Kara N, Agaoglu SA, et al. *PPAR-α and PPARGC1A gene variants have strong effects on aerobic performance of Turkish elite endurance athletes*[J]. *Mol Biol Rep*, 2014, 41(9): 5799-5804.

[122] Maciejewska A, Sawczuk M, Cięszczyk P. *Variation in the PPARα gene in Polish rowers*[J]. *J Sci Med Sport*, 2011, 14(1): 58-64.

[123] Proia P, Bianco A, Schiera G, et al. *PPARα gene variants as predicted performance-enhancing polymorphisms in professional Italian soccer players*[J]. *Open Access J Sports Med*, 2014, 5: 273-278.

[124] 王刘强，胡扬，李燕春，等. PPARδ 基因（A/G）多态与士兵耐力训练的相关研究 [J]. 华南国防医学杂志，2014，28（3）：238-243.

[125] Eynon N, Meckel Y, Alves AJ, et al. *Is there an interaction between PPARD T294C and PPARGC1A Gly482Ser polymorphisms and human endurance performance*[J]. *Exp Physiol*, 2009, 94(11): 1147-1152.

[126] Berman Y, North KN. *A gene for speed: the emerging role of alpha-actinin-3 in muscle metabolism*[J]. *Physiology*（*Bethesda*），2010, 25: 250-259.

[127] Benzaken S, Eliakim A, Nemet D, et al. *ACTN3 Polymorphism: Comparison Between Elite Swimmers and Runners*[J]. *Sports Med Open*, 2015, 1: 13-20.

[128] Pasqua LA, Bueno S, Matsuda M, et al. *The genetics of human running: ACTN3 polymorphism as an evolutionary tool improving the energy economy during locomotion*[J]. *Annals of Human Biology*, 2016, 43(3): 1-6.

[129] Orysiak J, Busko K, Mazur-Różycka J, et al. *Individual and combined influence of ACE and ACTN3 genes on muscle phenotypes in Polish athletes*[J]. *J Strength Cond Res*, 2015, 29(8): 2333-2339.

[130] Kikuchi N, Tsuchiya Y, Nakazato K, et al. *Effects of the ACTN3 R577X Genotype on the Muscular Strength and Range of Motion Before and After Eccentric Contractions of the Elbow Flexors*[J]. *Int J Sports Med*, 2018, 39(2): 148-153.

[131] Yang R, Shen X, Wang Y, et al. *ACTN3 R577X Gene Variant Is Associated With Muscle-Related Phenotypes in Elite Chinese Sprint/Power Athletes*[J]. *Journal of Strength & Conditioning Research*, 2017, 31(4): 1107-1115.

[132] Maffulli N, Margiotti K, Longo UG, et al. *The genetics of sports injuries and athletic performance*[J]. *Muscles Ligaments Tendons J*, 2013, 3(3): 173-189.

[133] Masoud R, Zohreh A, Rahim M, et al. *The association between IL6 gene polymorphism and power sport: A systematic review and meta-analysis*[J]. *Iranian journal of Diabetes and Metabolism*, 2016, 15(3): 131-142.

[134] Benzaken S, Meckel Y, Dan N, et al. *Increased Prevalence of the IL-6-174C Genetic Polymorphism in Long Distance Swimmers*[J]. *J Hum Kinet*, 2017, 58: 121-130.

[135] Ruiz JR, Buxens A, Artieda M, et al. *The -174 G/C polymorphism of the IL6 gene is associated with elite power performance*[J]. *J Sci Med Sport*, 2010, 13 (5): 549-553.

[136] Eider J, Cieszczyk P, Leońska-Duniec A, et al. *Association of the 174 G/C polymorphism of the IL6 gene in Polish power-orientated athletes*[J]. *J Sports Med Phys Fitness*, 2013, 53(1): 88-92.

[137] Eynon N, Ruiz JR, Meckel Y, et al. *Is the -174 C/G polymorphism of the IL6 gene associated with elite power performance? A replication study with two different Caucasian cohorts*[J]. *Exp Physiol*, 2011, 96(2): 156-162.

[138] Jones A, Woods DR. *Skeletal muscle RAS and exercise performance*[J]. *Int J Biochem Cell Biol*, 2003, 35(6): 855-866.

[139] Rankinen T, Gagnon J, Pérusse L, et al. *AGT M235T and ACE ID polymorphisms and exercise blood pressure in the HERITAGE Family Study*[J]. *Am J Physiol Heart Circ Physiol*, 2000, 279(1): H368-374.

[140] Gomezgallego F, Santiago C, Gonzálezfreire M, et al. *The C allele of the AGT Met235Thr polymorphism is associated with power sports performance*[J]. *Appl Physiol Nutr Metab*, 2009, 34(6): 1108-1111.

[141] Zarębska A, Sawczyn S, Kaczmarczyk M, et al. *Association of rs699(M235T) polymorphism in the AGT gene with power but not endurance athlete status*[J]. *J Strength Cond Res*, 2013, 27(10): 2898-2903.

[142] Zarębska A, Jastrzębski Z, Moska W, et al. *The AGT Gene M235T Polymorphism and Response of Power-Related Variables to Aerobic Training*[J]. *Journal of Sports Science & Medicine*, 2016, 15(15): 616-624.

[143] Talati A, Odgerel Z, Wickramaratne PJ, et al. *Associations between serotonin transporter and behavioral traits and diagnoses related to anxiety*[J]. *Psychiatry Research*, 2017, 253: 211-219.

[144] Weiss EM , Freudenthaler HH, Fink A, et al. *Differential Influence of 5-HT-TLPR - Polymorphism and COMT Val158Met - Polymorphism on Emotion Perception and Regulation in Healthy Women*[J]. *J Int Neuropsychol Soc*, 2014, 20(5): 516-524.

[145] Plieger T, Melchers M, Vetterlein A, et al. *The serotonin transporter polymorphism*（5-HTTLPR）*and coping strategies influence successful emotion regulation in an acute stress situation: Physiological evidence*[J]. *Int J Psychophysiol*, 2017, 114: 31-37.

[146] Gilman TL, Latsko M, Matt L, et al. *Variation of 5-HTTLPR and deficits in emotion regulation: A pathway to risk*[J]. *Psychology & Neuroscience*, 2015, 8 (3): 397-413.

[147] Cao H, Harneit A, Walter H, et al. *The 5-HTTLPR Polymorphism Affects Network-Based Functional Connectivity in the Visual-Limbic System in Healthy Adults*[J]. *Neuropsychopharmacology*, 2018, 43(2): 406-414.

[148] Raab K, Kirsch P, Mier D. *Understanding the impact of 5-HTTLPR, antidepressants, and acute tryptophan depletion on brain activation during facial emotion processing: A review of the imaging literature*[J]. *Neurosci Biobehav Rev*, 2016, 71: 176-197.

[149] Matsumoto M, Weickert CS, Akil M, et al. *Catechol O-methyltransferase mRNA expression in human and rat brain: evidence for a role in cortical neuronal function*[J]. *Neuroscience*, 2003, 116(1): 127-137.

[150] Goldman-Rakic PS, Muly EC, Williams GV. *D（1）receptors in prefrontal cells and circuits*[J]. *Brain Res Brain Res Rev*, 2000, 31(2-3): 295-301.

[151] Swart M, Bruggeman R, Larøi F, et al. *COMT Val158Met polymorphism, verbalizing of emotion and activation of affective brain systems*[J]. *Neuroimage*, 2011, 55(1): 338-344.

[152] Vai B, Riberto M, Poletti S, et al. *Catechol-O-methyltransferase Val（108/158）Met polymorphism affects fronto-limbic connectivity during emotional processing in bipolar disorder*[J]. *Eur Psychiatry*, 2017, 41: 53-59.

[153] Hill LH, Lorenzetti MS, Lyle SM, et al. *Catechol-O-methyltransferase Val-158Met polymorphism associates with affect and cortisol levels in women*[J]. *Brain Behav*, 2018, 8(2): e00883.

[154] Ben-Israel S, Uzefovsky F, Ebstein RP, et al. *Dopamine D4 receptor polymorphism and sex interact to predict children's affective knowledge*[J]. *Front Psychol*, 2015, 6: 846-851.

[155] Uzefovsky F, Shalev I, Israel S, et al. *The dopamine D4 receptor gene shows a gender-sensitive association with cognitive empathy: evidence from two independent samples*[J]. *Emotion*, 2014, 14(4): 712-721.

[156] Wells TT, Beevers CG, Knopik VS, et al. *Dopamine D4 receptor gene variation is associated with context-dependent attention for emotion stimuli*[J]. *Int J Neuropsychopharmacol*, 2013, 16(3): 525-534.

[157] 苏庭，李玉玲，恩和巴雅尔. 多巴胺 D4 受体基因 exon Ⅲ 48bp VNTR 多态性与学龄儿童气质的相关性 [J]. 中国当代儿科杂志, 2018, 20(2): 140-145.

[158] Grenda A, Leońska-Duniec A, Kaczmarczyk M, et al. *Interaction Between ACE I/D and ACTN3 R557X Polymorphisms in Polish Competitive Swimmers*[J]. *J Hum Kinet*, 2014, 42: 127-136.

[159] Mägi A, Unt E, Prans E, et al. *The Association Analysis between ACE and ACTN3 Genes Polymorphisms and Endurance Capacity in Young Cross-Country Skiers: Longitudinal Study*[J]. *J Sports Sci Med*, 2016, 15(2): 287-294.

[160] Tural E, Kara N, Agaoglu SA, et al. *PPAR-α and PPARGC1A gene variants have strong effects on aerobic performance of Turkish elite endurance athletes*[J]. *Mol Biol Rep*, 2014, 41(9): 5799-5804.

[161] Eynon N, Meckel Y, Alves AJ, et al. *Is there an interaction between PPARD T294C and PPARGC1A Gly482Ser polymorphisms and human endurance performance*[J]. *Exp Physiol*, 2009, 94(11): 1147-1152.

[162] Eynon N, Alves AJ, Yamin C, et al. *Is there an ACE ID - ACTN3 R577X polymorphisms interaction that influences sprint performance*[J]. *Int J Sports Med*, 2009, 30 (12): 888-891.

[163] Ahmetov II, Gavrilov DN, Astratenkova IV, et al. *The association of ACE、 ACTN3 and PPARA gene variants with strength phenotypes in middle school-age children*[J]. *J Physiol Sci*, 2013, 63(1): 79-85.

[164] Radua J, El-Hage W, Monté GC, et al. *COMT Val158Met × SLC6A45-HTTLPR interaction impacts on gray matter volume of regions supporting emotion processing*[J]. *Soc Cogn Affect Neurosci*, 2014, 9(8): 1232-1238.

[165] Fisher PM, Holst KK, Adamsen D, et al. *BDNF Val66met and 5-HTTLPR*

polymorphisms predict a human in vivo marker for brain serotonin levels[J]. *Hum Brain Mapp*, 2015, 36(1): 313-323.

[166] Clasen PC, Wells TT, Knopik VS, et al. *5-HTTLPR and BDNF Val66Met polymorphisms moderate effects of stress on rumination*[J]. *Genes Brain & Behavior*, 2011, 10(7): 740-746.

[167] Green CG, Babineau V, Jolicoeur-Martineau A, et al. *Prenatal maternal depression and child serotonin transporter linked polymorphic region (5-HTTLPR) and dopamine receptor D4 (DRD4) genotype predict negative emotionality from 3 to 36 months*[J]. *Dev Psychopathol*, 2017, 29(3): 901-917.

[168] Hohmann S, Becker K, Fellinger J, et al. *Evidence for epistasis between the 5-HTTLPR and the dopamine D4 receptor polymorphisms in externalizing behavior among 15-year-olds*[J]. *J Neural Transm (Vienna)*, 2009, 116(12): 1621-1629.

[169] Tamm G, Kreegipuu K, Harro J. *Perception of emotion in facial stimuli: The interaction of ADRA2A and COMT genotypes, and sex*[J]. *Prog Neuropsychopharmacol Biol Psychiatry*, 2016, 64: 87-95.

[170] Schur EA, Noonan CD, Goldberg J, et al. *A twin study of depression and migraine: evidence for a shared genetic vulnerability*[J]. *Headache*, 2009, 49 (10): 1493-1502.

[171] Boyd EQ. *Peer victimization and the COMT val158met polymorphism: A differential susceptibility model*[J]. *Dissertations & Theses - Gradworks*, 2014, 107 (2): 760-768.

[172] Reiss D, Leve LD, Neiderhiser JM. *How genes and the social environment moderate each other*[J]. *Am J Public Health*, 2013, 103(1): 111-121.

[173] Tucker-Droba EM, Rhemtullaa M, Hardena KP, et al. *Emergence of a Gene-by-Socioeconomic Status Interaction on Infant Mental Ability from 10 Months to 2 Years*[J]. *Psychol Sci*, 2011, 22(1): 125-133.

[174] Pereira A, Costa AM, Izquierdo M, et al. *ACE I/D and ACTN3 R/X polymorphisms as potential factors in modulating exercise-related phenotypes in older women in response to a muscle power training stimuli*[J]. *Age (Dordr)*, 2013, 35(5): 1949-1959.

[175] Valdivieso P, Vaughan D, Laczko E, et al. *The Metabolic Response of Skeletal Muscle to Endurance Exercise Is Modified by the ACE-I/D Gene Polymorphism and Training State*[J]. *Front Physiol*, 2017, 8: 993-1012.

[176] Durmic TS, Zdravkovic MD, Djelic MN, et al. *Polymorphisms in ACE and*

ACTN3 Genes and Blood Pressure Response to Acute Exercise in Elite Male Athletes from Serbia[J]. *Tohoku J Exp Med*, 2017, 243(4): 311-320.

[177] Norman B, Esbjörnsson M, Rundqvist H, et al. *ACTN3 genotype and modulation of skeletal muscle response to exercise in human subjects*[J]. *J Appl Physiol*, 2014, 116(9): 1197-1203.

[178] Riley MR. *The interaction of parenting and the serotonin transporter gene on trajectories of fearfulness in early childhood*[J]. *Radiother Oncol*, 2015, 97(3): 425-430.

[179] Nishikawa S, Toshima T, Kobayashi M. *Perceived Parenting Mediates Serotonin Transporter Gene (5-HTTLPR) and Neural System Function during Facial Recognition: A Pilot Study*[J]. *PLoS One*, 2015, 10(9): e0134685.

[180] Simons RL, Gibbons FX. Social *Environment, Genes, and Aggression: Evidence Supporting the Differential Susceptibility Perspective*[J]. *American Sociological Review*, 2011, 76(6): 833-912.

[181] Ivorra JL, Sanjuan J, Jover M, et al. *Gene-environment interaction of child temperament*[J]. *J Dev Behav Pediatr*, 2010, 31(7): 545-54.

[182] 曹衍淼, 王美萍, 曹丛, 等. DRD2 基因 TaqIA 多态性与同伴侵害对青少年早期抑郁的交互作用 [J]. 心理学报, 2017, 49(1): 28-39.

[183] 曹丛, 王美萍, 纪林芹, 等. MAOA 基因 rs6323 多态性与母亲支持性教养对青少年抑郁的交互作用: 素质—压力假说与不同易感性假说的检验 [J]. 心理学报, 2016, 48(1): 22-35.

[184] 陈善平, 王云冰, 容建中, 等. 锻炼动机量表（MPAM-R）简化版的构建和信效度分析 [J]. 北京体育大学学报, 2013, 36(2): 66-70.

[185] 陈善平, 李树苗, 闫振龙. 基于运动承诺视角的大学生锻炼坚持机制研究 [J]. 体育科学, 2006, 26(12): 48-54.

[186] 韦嘉, 张春雨, 赵清清, 等. 二维自尊量表在中学生群体中的信效度检验 [J]. 中国心理卫生杂志, 2012, 26: 715-720.

[187] 陈亮, 刘文, 张雪. 儿童青少年情绪调节问卷在中高年级小学生中的初步修订 [J]. 中国临床心理学杂志, 2016, 24(2): 259-263.

[188] Fornell C, Larcker DF. *Evaluating structural equation models with unobservable variables and measurement error*[J]. *Journal of Marketing Research*, 1981, 18(1): 39-50.

[189] Bendiksen M, Williams CA, Hornstrup T, et al. *Heart rate response and fitness effects of various types of physical education for 8- to 9-year-old schoolchildren*[J]. *Eur J*

Sport Sci，2014，14：861–869.

[190] Krustrup P, Dvorak J, Bangsbo J. *Small-sided football in schools and lei-sure-time sport clubs improves physical fitness, health profile, well-being and learning in children*[J]. *Br J Sports Med*, 2016, 50(19): 1166-1167.

[191] Montalcini T, Ferro Y, Salvati MA, et al. *Gender difference in handgrip strength of Italian children aged 9 to 10 year*s[J]. *Italian Journal of Pediatrics*, 2016, 42(1): 1-6.

[192] Pienaar AE, Reenen IV, Weber AM. *Sex differences in fundamental movement skills of a selected group of 6-year-old South African children*[J]. *Early Child Development & Care*, 2016, 186(12): 1-15.

[193] 毕重增，肖影影，许欢欢. 国内青少年自我价值感量表研究结果的元分析[J]. 心理科学, 2014, 37(3): 625-632.

[194] Webbwilliams J. Gender Differences in School Children's Self-Efficacy Beliefs: Students' and Teachers' Perspectives[J]. Educational Research & Reviews, 2014, 9(3): 75-82.

[195] Masumoto K, Taishi N, Shiozaki M. *Age and Gender Differences in Relationships Among Emotion Regulation, Mood, and Mental Health*[J]. *Gerontol Geriatr Med*, 2016, 2: 1-8.

[196] 赵鑫，张润竹，郑凯. 青少年情绪调节策略使用的性别差异[J]. 中国临床心理学杂志, 2014, 22(5): 849-854.

[197] Giles GE. *Exercise, Emotion, and Executive Control*[D]. Ann Arbor: Tufts University, 2016.

[198] Lantrip C, Isquith PK, Koven NS, et al. *Executive Function and Emotion Regulation Strategy Use in Adolescents*[J]. *Applied Neuropsychology Child*, 2016, 5(1): 50-55.

[199] 李彩娜，孙翠翠，徐恩镇，等. 初中生应对方式、压力对社会适应的影响：纵向中介模型[J]. 心理发展与教育, 2017, 33(1): 172-182.

[200] 蒋莹，杨玉冰，邢淑芬. 体育运动促进儿童学业成就及其作用机制研究进展述评[J]. 体育学刊, 2016, 23(5): 86-92.

[201] Friedrich B, Mason OJ. *Applying Positive Psychology Principles to Soccer Interventions for People with Mental Health Difficulties*[J]. *Psychology*, 2018, 9(3): 372-384.

[202] Ryan RM, Deci EL. *Intrinsic and extrinsic motivations: Classic definitions and*

new directions[J]. *Contemporary Educational Psychology*, 2000, 25(1): 54-67.

[203] 王振，胡国鹏，蔡玉军，等. 拖延行为对大学生体育锻炼动机的影响: 自我效能感的中介效应 [J]. 北京体育大学学报，2015，38(4): 71-79.

[204] Laird Y, Fawkner S, Kelly P, et al. *The role of social support on physical activity behaviour in adolescent girls: a systematic review and meta-analysis*[J]. *Int J Behav Nutr Phys Act*, 2016, 13: 79-92

[205] Cash TF, Novy PL, Grant JR. *Why do women exercise? Factor analysis and further validation of the Reasons for Exercise Inventory*[J]. *Perceptual & Motor Skills*, 1994, 78(2): 539-544.

[206] Williams LJ, Vandenberg RJ, Edwards JR. *Structural equation modeling in management research: A guide for improved analysis*[J]. *Academy of Management Annals*, 2009, 3(1): 543-604.

[207] Kiray SA. *Development of a TPACK Self-Efficacy Scale for Preservice Science Teachers*[J]. *International Journal of Research in Education and Science*, 2016, 2(2): 527-541.

[208] 吴明隆. 结构方程模型——AMOS 的操作与应用 [M]. 重庆: 重庆大学出版社，2009.

[209] 李旭龙，弓宇婧，姚梦，等. 锻炼动机对大学生社会性发展的影响: 锻炼坚持的中介作用与社会支持的调节作用 [J]. 北京体育大学学报，2018，41(2): 79-87.

[210] 阳家鹏，向春玉，徐佶. 促进青少年有氧体适能和体育锻炼行为的路径: 动机理论的观点 [J]. 体育与科学，2015，36(4): 116-120.

[211] 潘家礼，殷恒婵，陈爱国，等. 运动干预对学习困难、正常小学生执行功能影响的实验研究 [J]. 体育科学，2016，36(6): 84-91.

[212] Branscombe NR, Wann DL. *The Positive Social and Self Concept Consequences of Sports Team Identification*[J]. *Journal of Sport & Social Issues*, 2016, 15(2): 115-127.

[213] Madkour AS, Brakta FZ, Al-Dahir S, et al. *Gender Differences in Physical Activity in Adolescence and Early Adulthood: The Experience of Egyptian Youth*[J]. *Journal of Adolescent Health*, 2012, 50(2): S36-S37.

[214] Cairney J, Veldhuizen S, Kwan M, et al. *Biological age and sex-related declines in physical activity during adolescence*[J]. *Medicine & Science in Sports & Exercise*, 2014, 46(4): 730-735.

[215] Fernández-Alvira JM. *Clustering of energy balance-related behaviors and pa-*

rental education in European children: the ENERGY-project[J]. Int J Behav Nutr Phys Act, 2013, 10: 5-14.

[216] Cottrell L, Zatezalo J, Bonasso A, et al. The relationship between children's physical activity and family income in rural settings: A cross-sectional study[J]. Preventive Medicine Reports, 2015, 2: 99-104.

[217] 郜苗. 上海市部分小学生休闲体力活动的父母亲影响研究 [D]. 上海: 上海体育学院，2015.

[218] Mutz M, Albrecht P. Parents' Social Status and Children's Daily Physical Activity: The Role of Familial Socialization and Support[J]. J Child Fam Stud, 2017, 26(11): 3026-3035.

[219] 阳家鹏. 家庭体育环境、锻炼动机与青少年身体活动的关系研究——以广州市青少年为例 [D]. 上海: 上海体育学院，2017.

[220] Mendonça G, Júnior JC. Physical activity and social support in adolescents: analysis of different types and sources of social support[J]. J Sports Sci, 2015, 33 (18): 1942-1951.

[221] Bronikowski M, Bronikowska M, Laudańska-Krzemińska I, et al. PE Teacher and Classmate Support in Level of Physical Activity: The Role of Sex and BMI Status in Adolescents from Kosovo[J]. Biomed Res Int, 2015, 2015: 290349.

[222] Kwon YS. The effects of self-esteem, depression and stress on students' adjustment to college[J]. International Journal of Applied Engineering Research, 2014, 9 (20): 8053-8062.

[223] 连帅磊，孙晓军，田媛，等. 青少年同伴依恋对抑郁的影响：朋友社会支持和自尊的中介作用 [J]. 心理科学，2016, 39(5): 1116-1122.

[224] Kang SJ, Noh JC, Baek UH. Effects of 4-week Exercise Program on Physical Fitness, Biochemical Index, Self-Esteem, and Interpersonal-Relationships in Obesity Adolescents during the Vacation Period[J]. Korean Journal of Growth & Development, 2016, 24(1): 59-67.

[225] Noordstar JJ, Net JVD, Jak S, et al. Global self-esteem, perceived athletic competence, and physical activity in children: A longitudinal cohort study[J]. Psychology of Sport & Exercise, 2016, 22: 83-90.

[226] Gómez-Ortiz O, Roldán R, Ortega-Ruiz R, et al. Social Anxiety and Psychosocial Adjustment in Adolescents: Relation with Peer Victimization, Self-Esteem and Emotion Regulation[J]. Child Indicators Research, 2017, (3): 1-18.

[227] Giles GE, Cantelon JA, Eddy MD, et al. *Habitual exercise is associated with cognitive control and cognitive reappraisal success*[J]. *Experimental Brain Research*, 2017, 235(12): 1-13.

[228] Ludyga S, Gerber M, Brand S, et al. *Acute effects of moderate aerobic exercise on specific aspects of executive function in different age and fitness groups: A meta-analysis*[J]. *Psychophysiology*, 2016, 53(11): 1611-1626.

[229] 柴晓运，郭海英，林丹华，等．情绪调节策略对流动儿童主观幸福感的影响：自尊和心理弹性的序列中介作用 [J]. 心理科学, 2018, 41(1): 71-76.

[230] Yalçınkaya-Alkar Ö. *Is self esteem mediating the relationship between cognitive emotion regulation strategies and depression*[J]. *Current Psychology*, 2017, (23): 1-9.

[231] Lorenz KA, Stylianou M, Moore S, et al. *Does fitness make the grade? The relationship between elementary students physical fitness and academic grade*s[J]. *Health Education Journal*, 2016, 76(3): 302-312.

[232] Wood CJ, Clow A, Hucklebridge F, et al. *Physical fitness and prior physical activity are both associated with less cortisol secretion during psychosocial stress*[J]. *Anxiety Stress & Coping*, 2017, 31(2): 1-11.

[233] Wagnsson S, Lindwall M, Gustafsson H. *Participation in organized sport and self-esteem across adolescence: the mediating role of perceived sport competence*[J]. *J Sport Exerc Psychol*, 2014, 36(6): 584-594.

[234] Wood CJ, Sandercock G, Barton J. *Interactions between physical activity and the environment to improve adolescent self-esteem: A randomised controlled trial*[J]. *International Journal of Environment & Health*, 2014, 7(2): 1-13.

[235] 潘凌云，王健，樊莲香．我国学校体育政策执行的逻辑辨识与推进策略——基于"观念·利益·制度"的分析框架 [J]. 体育科学, 2017, 37(3): 3-12.

[236] 林崇德．构建中国化的学生发展核心素养 [J]. 北京师范大学学报 (社会科学版), 2017, (1): 66-73.

[237] 蒲清平，张伟莉，安娜．社会主义核心价值观内化的心理机制与实践路径 [J]. 国家教育行政学院学报, 2015, 10: 58-62.

[238] 李旭龙，沙洪成，陈洪鑫．社会生态学视域下校园足球育人功能的制约因素及实现路径 [J]. 沈阳体育学院学报, 2019, 38(1): 1-6.

[239] Matsuzaka A, Takahashi Y, Masayuki Y, et al. *Validity of the Multistage 20-M Shuttle-Run Test for Japanese Children, Adolescents, and Adults*[J]. *Pediatric Exercise Science*, 2004, 16: 113-125.

[240] 利·布兰登.运动解剖学:体能训练全彩图解 [M].郑州:河南科学技术出版社, 2018.

[241] Rodríguez-Rosell D, Franco-Márquez F, Mora-Custodio R, et al. *Effect of High-Speed Strength Training on Physical Performance in Young Soccer Players of Different Ages*[J]. *J Strength Cond Res*, 2017, 31(9): 2498-2508.

[242] Peate WF, Bates G, Lunda K, et al. *Core strength: A new model for injury prediction and prevention*[J]. *J Occup Med Toxicol*, 2007, 2: 3-11.

[243] 国际足联.国际足联草根足球培训手册 [M].中国足球协会, 译.北京:人民体育出版社, 2015.

[244] Ozbar N, Ates S, Agopyan A. *The effect of 8-week plyometric training on leg power, jump and sprint performance in female soccer players*[J]. *J Strength Cond Res*, 2014, 28(10): 2888-2894.

[245] Söhnlein Q, Müller E, Stöggl TL. *The effect of 16-week plyometric training on explosive actions in early to mid-puberty elite soccer players*[J]. *J Strength Cond Res*, 2014, 28(8): 2105-2014.

[246] Ricotti L, Rigosa J, Niosi A, et al. *Analysis of balance, rapidity, force and reaction times of soccer players at different levels of competition*[J]. *PLoS One*, 2013, 8(10): e77264.

[247] Jakobsen LH, Sorensen JM, Rask IK, et al. *Validation of reaction time as a measure of cognitive function and quality of life in healthy subjects and patients*[J]. *Nutrition*, 2011, 27(5): 561-570.

[248] Alesi M, Bianco A, Padulo J, et al. *Motor and cognitive growth following a Football Training Program*[J]. *Front Psychol*, 2015, 6: 1627-1633.

[249] Fløtum LA, Ottesen LS, Krustrup P, et al. *Evaluating a Nationwide Recreational Football Intervention: Recruitment, Attendance, Adherence, Exercise Intensity, and Health Effects*[J]. *Biomed Res Int*, 2016, (3): 1-8.

[250] 渡部和彦, 王芸.老年人的身体平衡能力与"外部干扰适应理论" [J].体育科学, 2014, 34(2): 54-59.

[251] El-Gohary TM, Khaled OA, Ibrahim SR, et al. *Effect of proprioception cross training on repositioning accuracy and balance among healthy individuals*[J]. *J Phys Ther Sci*, 2016, 28(11): 3178-3182.

[252] Bangsbo J, Nielsen JJ, Mohr M, et al. *Performance enhancements and muscular adaptations of a 16-week recreational football intervention for untrained women*[J].

Scand J Med Sci Sports, 2010, 20(S1): 24-30.

[253] Iaia FM, Fiorenza M, Perri E, et al. *The Effect of Two Speed Endurance Training Regimes on Performance of Soccer Players*[J]. *PLoS One*, 2015, 10(9): e0138096.

[254] Chaouachi A, Chtara M, Hammami R, et al. *Multidirectional sprints and small-sided games training effect on agility and change of direction abilities in youth soccer*[J]. *J Strength Cond Res*, 2014, 28(11): 3121-3127.

[255] Hammami A, Chamari K, Slimani M, et al. *Effects of recreational soccer on physical fitness and health indices in sedentary healthy and unhealthy subjects*[J]. *Biol Sport*, 2016, 33(2): 127–137.

[256] 方慧，全明辉，周傥，等. 儿童体力活动变化趋势特征及其对体适能影响的追踪研究[J]. 体育科学, 2018, 38(6): 44-52.

[257] 周誉. 中年人群心肺耐力、体力活动水平与心血管疾病风险因素的相关研究[D]. 北京：北京体育大学, 2015.

[258] Tafarodi RW, Swann WB. *Two-dimensional self-esteem: Theory and measurement*[J]. *Personality & Individual Differences*, 2001, 31(5): 653-673.

[259] Chae SM, Kang HS, Ra JS. *Body esteem is a mediator of the association between physical activity and depression in Korean adolescents*[J]. *Appl Nurs Res*, 2017, 33: 42-48.

[260] Ren-Jen H, Hsin-Ju C, Zhan-Xian G, et al. *Effects of aerobic exercise on sad emotion regulation in young women: an electroencephalograph study*[J]. *Cognitive Neurodynamics*, 2019, 13(1): 33-43.

[261] Garland EL, Hanley A, Farb NA, et al. *State Mindfulness During Meditation Predicts Enhanced Cognitive Reappraisal*[J]. *Mindfulness*, 2015, 6(2): 234-242.

[262] Lees C, Hopkins J. *Effect of aerobic exercise on cognition, academic achievement, and psychosocial function in children: a systematic review of randomized control trials*[J]. *Prev Chronic Dis*, 2013, 24(10): E174.

[263] Haye K, Heer HD, Wilkinson AV, et al. *Predictors of parent-child relationships that support physical activity in Mexican-American families*[J]. *J Behav Med*, 2014, (2): 234-244.

[264] 戴维·谢弗. 社会性与人格发展[M]. 陈会昌, 译. 北京：人民邮电出版社, 2016.

[265] Andersen LL, Poulsen OM, Sundstrup E, et al. *Effect of physical exercise on workplace social capital: Cluster randomized controlled trial*[J]. *Scand J Public Health*,

2015，43（8）：810-818.

[266] Ekeland E, Heian F, Hagen KB, et al. *Can exercise improve self esteem in children and young people? A systematic review of randomised controlled trials*[J]. *Br J Sports Med*, 2005, 39(11): 792-798.

[267] Haugen T, Säfvenbom R, Ommundsen Y. *Physical activity and global self-worth: The role of physical self-esteem indices and gender*[J]. *Mental Health & Physical Activity*, 2011, 4(2): 49-56.

[268] Friedlander LJ, Reid GJ, Shupak N, et al. *Social Support, Self-Esteem, and Stress as Predictors of Adjustment to University among First-Year Undergraduates*[J]. *Journal of College Student Development*, 2007, 48(3): 259-274.

[269] Plante TG, Lantis A, Checa G. *The Influence of Perceived Versus Aerobic Fitness on Psychological Health and Physiological Stress Responsivity*[J]. *International Journal of Stress Management*, 1998, 5(3): 141-156.

[270] 钟亚平，谷厚鑫，刘鹏. 体质健康大数据驱动的体育分层教学改革思路探析 [J]. 山东体育学院学报, 2018, 34(3): 106-111.

[271] 赵广高，乐伟民，屈丽萍，等. 体育分层教学模式下大学女生体质健康的变化及影响因素研究 [J]. 北京体育大学学报, 2016, 39(10): 101-107.

[272] Cox AE, Ullrich-French S. *The motivational relevance of peer and teacher relationship profiles in physical education*[J]. *Psychology of Sport & Exercise*, 2010, 11(5): 337-344.

[273] Owen KB, Astell-Burt T, Lonsdale C. *The relationship between self-determined motivation and physical activity in adolescent boys*[J]. *J Adolesc Health*, 2013, 53(3): 420-422.

[274] Lee NC, Krabbendam L, Dekker S, et al. *Academic motivation mediates the influence of temporal discounting on academic achievement during adolescence*[J]. *Trends in Neuroscience & Education*, 2012, 1(1): 43-48.

[275] Pereira A, Costa AM, Leitão JC, et al. *The influence of ACE ID and ACTN3 R577X polymorphisms on lower-extremity function in older women in response to high-speed power training*[J]. *BMC Geriatr*, 2013, 13: 131-138.

[276] Drury SS, Theall KP, Smyke AT, et al. *Modification of depression by COMT val158met polymorphism in children exposed to early severe psychosocial deprivation*[J]. *Child Abuse Negl*, 2010, 34(6): 387-395.

[277] 倖烨. ACE 基因 I/D, ACTN3 基因 R557X 基因多态性与南方汉族大学生体

质的关联研究 [D]. 南昌，江西师范大学，2017.

[278] Buscemi S, Canino B, Batsis JA, et al. Relationships between maximal oxygen uptake and endothelial function in healthy male adults: a preliminary study[J]. Acta Diabetol, 2013, 50(2): 135-141.

[279] Ma F, Yang Y, Li X, et al. *The association of sport performance with ACE and ACTN3 genetic polymorphisms: a systematic review and meta-analysis*[J]. PLoS One, 2013, 8(1): e54685.

[280] 艾金伟，刘盈，李德胜，等 . ACE 基因插入 / 缺失多态性与运动员力量型运动能力关联性的 Meta 分析 [J]. 中国循证医学杂志, 2016, 16(3): 263-269.

[281] Eynon N, Hanson ED, Lucia A, et al. *Genes for elite power and sprint performance: ACTN3 leads the way*[J]. *Sports Med*, 2013, 43(9): 803-817.

[282] Arpitha J, Crystal D, Sumithra S, et al. *Aerobic Fitness and Cognitive Functions in Economically Underprivileged Children Aged 7-9 Years: A preliminary Study from South India*[J]. *Int J Biomed Sci*, 2011, 7(1): 51-54.

[283] Norman B, Esbjörnsson M, Rundqvist H, et al. *Strength, power, fiber types, and mRNA expression in trained men and women with different ACTN3 R577X genotypes*[J]. *J Appl Physiol*, 2009, 106(3): 959-965.

[284] Zhang L, Hu L, Li X, et al. *The DRD2 rs1800497 polymorphism increase the risk of mood disorder: evidence from an update meta-analysis*[J]. *J Affect Disord*, 2014, 158: 71-77.

[285] 曹衍淼，王美萍，曹丛，等 . DRD2 基因 TaqIA 多态性与同伴侵害对青少年早期抑郁的交互作用 [J]. 心理学报, 2017, 49(1): 28-39.

[286] Amelsvoort T, Zinkstok J, Figee M, et al. *Effects of a functional COMT polymorphism on brain anatomy and cognitive function in adults with velo-cardio-facial syndrome*[J]. *Psychol Med*, 2008, 38(1): 89-100.

[287] Cao C, Rijlaarsdam J, Voort A, et al. *Associations Between Dopamine D2 Receptor (DRD2) Gene, Maternal Positive Parenting and Trajectories of Depressive Symptoms from Early to Mid-Adolescence*[J]. *J Abnorm Child Psychol*, 2018, 46(2): 365-379.

[288] Nymberg C, Banaschewski T, Bokde AL, et al. *DRD2/ANKK1 polymorphism modulates the effect of ventral striatal activation on working memory performance[J]. Neuropsychopharmacology*, 2014, 39(10): 2357-2365.

[289] Antypa N, Drago A, Serretti A. *The role of COMT gene variants in depression: Bridging neuropsychological, behavioral and clinical phenotypes[J]. Neurosci Biobehav*

Rev, 2013, 37(8): 1597-1610.

[290] Zhang W, Cao C, Wang M, et al. *Monoamine Oxidase A (MAOA) and Cate-chol-O-Methyltransferase (COMT) Gene Polymorphisms Interact with Maternal Parenting in Association with Adolescent Reactive Aggression but not Proactive Aggression: Evidence of Differential Susceptibility*[J]. *J Youth Adolesc*, 2016, 45(4): 812-829.

附　　录

附录1　锻炼动机量表

下面几个问题是想了解你参加体育锻炼的原因，1代表"非常不符合"，7代表"非常符合"，2~6表示介于两者之间的不同程度。请根据自己的实际情况，选择最符合的描述并在对应的数字上面打"√"。

题号	问题	非常不符合	不符合	有点不符合	一般	有点符合	符合	非常符合
1	因为我想拥有强壮的身体	1	2	3	4	5	6	7
2	因为我想控制体重	1	2	3	4	5	6	7
3	因为体育活动娱乐性强	1	2	3	4	5	6	7
4	因为我想获得新的运动技能	1	2	3	4	5	6	7
5	因为我想认识一些新朋友	1	2	3	4	5	6	7
6	因为我想保持身心健康	1	2	3	4	5	6	7
7	因为我想保持或改善体型	1	2	3	4	5	6	7
8	因为体育活动让我保持愉快的心情	1	2	3	4	5	6	7
9	因为我想提高现有的运动技能	1	2	3	4	5	6	7
10	因为我想增进与朋友之间的感情和友谊	1	2	3	4	5	6	7
11	因为我想过健康的生活	1	2	3	4	5	6	7
12	因为我想使自己的外貌更有吸引力	1	2	3	4	5	6	7
13	因为体育活动使我快乐	1	2	3	4	5	6	7
14	因为我想保持目前的运动技术水平	1	2	3	4	5	6	7
15	因为我想和朋友在一起	1	2	3	4	5	6	7

附录2　锻炼坚持与社会支持量表

下面问题是想了解你较长时期以来的体育锻炼情况，1代表"非常不符合"，7代表"非常符合"，2~6表示介于两者之间的不同程度。请根据自己的实际情况，选择最符合的描述并在对应的数字上面打"√"。

题号	问题	非常不符合	不符合	有点不符合	一般	有点符合	符合	非常符合
1	我能较好地坚持身体锻炼	1	2	3	4	5	6	7
2	在体育锻炼方面，父母或其他亲人能给予我帮助	1	2	3	4	5	6	7
3	老师经常鼓励我参加体育锻炼	1	2	3	4	5	6	7
4	我的朋友或同学能给我体育锻炼方面的帮助	1	2	3	4	5	6	7
5	在体育锻炼上，我常常是"三天打鱼，两天晒网"	1	2	3	4	5	6	7
6	父母或其他亲人非常支持我参加体育锻炼	1	2	3	4	5	6	7
7	在体育锻炼方面，老师能给予我指导	1	2	3	4	5	6	7
8	我的朋友或同学愿意陪我一起锻炼	1	2	3	4	5	6	7
9	我有锻炼身体的习惯	1	2	3	4	5	6	7
10	父母或其他亲人经常鼓励我参加体育锻炼	1	2	3	4	5	6	7
11	在体育锻炼方面，老师能给予我支持	1	2	3	4	5	6	7
12	我的朋友或同学很支持我进行体育锻炼	1	2	3	4	5	6	7
13	我经常参加体育锻炼	1	2	3	4	5	6	7

附录3　二维自尊量表

下面几个问题是想了解你对自己的一些看法，1代表"非常不符合"，7代表"非常符合"，2~6表示介于两者之间的不同程度。请根据自己的实际情况，选择最符合的描述并在对应的数字上面打"√"。

题号	问题	非常不符合	不符合	有点不符合	一般	有点符合	符合	非常符合
1	我做事情的效率很高	1	2	3	4	5	6	7
2	我倾向于贬低自己	1	2	3	4	5	6	7
3	我对自己感到很满意	1	2	3	4	5	6	7
4	我总能完成自己想做的事情	1	2	3	4	5	6	7
5	我是个有价值的人	1	2	3	4	5	6	7
6	我想到自己时，常常感到不愉快	1	2	3	4	5	6	7
7	我对自己的评价是消极的	1	2	3	4	5	6	7
8	我常常难以完成对自己很重要的事	1	2	3	4	5	6	7
9	我为自己感到自豪	1	2	3	4	5	6	7
10	在面对挑战时，我感到能力不足	1	2	3	4	5	6	7
11	我没有怀疑过自己的个人价值	1	2	3	4	5	6	7
12	很多事情我都能出色完成	1	2	3	4	5	6	7
13	我常常达不到自己设定的目标	1	2	3	4	5	6	7
14	我很有才华	1	2	3	4	5	6	7
15	我对自己缺乏尊重	1	2	3	4	5	6	7
16	我认为自己因为能力问题在某些活动中表现不佳	1	2	3	4	5	6	7

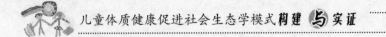

附录4　情绪调节量表

下面几个问题是想了解你控制情绪的特点与策略，1 代表"非常不符合"，7 代表"非常符合"，2～6 表示介于两者之间的不同程度。请根据自己的实际情况，选择最符合的描述并在对应的数字上面打"√"。

题号	问题	非常不符合	不符合	有点不符合	一般	有点符合	符合	非常符合
1	当我想要高兴的时候，我会想些其他的事情(如老师今天表扬了我)	1	2	3	4	5	6	7
2	我不愿意表露自己的情绪	1	2	3	4	5	6	7
3	当我不高兴(如伤心、生气或担心)的时候，我会想一些让自己高兴的事情	1	2	3	4	5	6	7
4	当我高兴的时候，我会小心地不表现出来	1	2	3	4	5	6	7
5	当我担心某件事情时，我会从积极的角度去想它，从而使心情变好	1	2	3	4	5	6	7
6	我控制自己情绪的方式是不表达它们	1	2	3	4	5	6	7
7	当我想更快乐时，我会换个角度想事情	1	2	3	4	5	6	7
8	我会换个角度想问题来控制自己的情绪	1	2	3	4	5	6	7
9	当我不高兴(如伤心、生气或担心)的时候，我不会让情绪表现出来	1	2	3	4	5	6	7
10	当我遇到不高兴的事情时，我会从积极的方面想它，从而使心情变好	1	2	3	4	5	6	7

附录5　社会适应量表

　　下面几个问题描述了在不同环境中的个人感觉，1代表"非常不符合"，7代表"非常符合"，2~6表示介于两者之间的不同程度。请根据自己的实际情况，选择最符合的描述并在对应的数字上面打"√"。

题号	问题	非常不符合	不符合	有点不符合	一般	有点符合	符合	非常符合
1	我能很快适应新的学习环境	1	2	3	4	5	6	7
2	我和亲戚之间的关系很好	1	2	3	4	5	6	7
3	遇到不顺心的事情，我经常向父母倾诉	1	2	3	4	5	6	7
4	我和老师之间的关系很融洽	1	2	3	4	5	6	7
5	家里来了客人，我会感到不自在	1	2	3	4	5	6	7
6	我是一个竞争意识比较强的学生	1	2	3	4	5	6	7
7	任课教师改变了，我能够很快适应他（她）的教学风格	1	2	3	4	5	6	7
8	我和父母之间的感情很好	1	2	3	4	5	6	7
9	一般来说，我做事情比较主动	1	2	3	4	5	6	7
10	在学习上我能够制订具体的计划，然后认真地执行自己的计划	1	2	3	4	5	6	7
11	我与不同性格的人能够很好相处	1	2	3	4	5	6	7
12	我很善于与人交谈	1	2	3	4	5	6	7

续表

题号	问题	非常不符合	不符合	有点不符合	一般	有点符合	符合	非常符合
13	我感觉大家都愿意主动地接近我	1	2	3	4	5	6	7
14	我非常满意目前的学习环境	1	2	3	4	5	6	7
15	我很渴望参加集体组织的各种活动	1	2	3	4	5	6	7
16	父母经常主动与我谈心	1	2	3	4	5	6	7
17	我时常和父母吵架	1	2	3	4	5	6	7